U0161312

一
步
万
里
阔

数字化转型

未来 IT 图解 これからの DX〈デジタルトランスフォーメーション〉

（日）内山悟志／著

冯赫阳／译

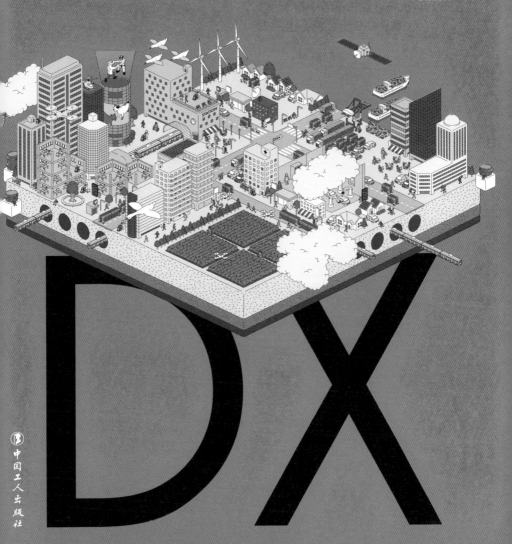

DX

中国工人出版社

图书在版编目（CIP）数据

未来IT图解：数字化转型 /（日）内山悟志著；冯赫阳译. —
北京：中国工人出版社，2023.11
ISBN 978-7-5008-8116-2

Ⅰ. ①未… Ⅱ. ①内… ②冯… Ⅲ. ①数字化–图解 Ⅳ. ①TP3-64

中国国家版本馆CIP数据核字（2023）第228221号

著作权合同登记号：图字01-2023-0420

MIRAI IT ZUKAI KOREKARA NO DX DIGITAL TRASFORMATION
Copyright © 2020 ITR labolatories
All rights reserved.
Chinese translation rights in simplified characters arranged with
MdN Corporation through Japan UNI Agency, Inc., Tokyo

未来IT图解：数字化转型

出 版 人　董　宽
责任编辑　邢　璐
责任校对　张　彦
责任印制　黄　丽
出版发行　中国工人出版社
地　　址　北京市东城区鼓楼外大街45号　邮编：100120
网　　址　http://www.wp-china.com
电　　话　（010）62005043（总编室）（010）62005039（印制管理中心）
　　　　　（010）62001780（万川文化项目组）
发行热线　（010）82029051　62383056
经　　销　各地书店
印　　刷　北京盛通印刷股份有限公司
开　　本　880毫米×1230毫米　1/32
印　　张　5
字　　数　120千字
版　　次　2024年1月第1版　2024年1月第1次印刷
定　　价　52.00元

前言

随着数字化时代的到来，人们已经注意到企业对数字化转型作出应对的重要性。但是，"我们的行业离数字化还远""我们现在也成功了，（数字化转型）暂时不要紧"，持这种态度的企业也不在少数。2018 年，日本经济产业省发布了《数字化转型报告——克服 IT 系统"2025 年悬崖"以及数字化转型的全面开展》，这令日本许多企业经营者有了强烈的危机感，并开始认真对待这一趋势。

在美国，以使用信息技术和互联网为前提创建的数字原生企业，正在通过与以往不同的商业模式建立起新的竞争原则。数字化与经济发展同时开展的中国以及亚洲其他国家也都在建设以数字化为前提的社会体系。而日本在平成时代（1989—2019）的 30 年间，没有抛掉昭和时代（1926—1989）经济腾飞期的经验和资本，因而没有什么重大的转变，不得不背着重大的负担，在要求灵活性的数字化世界中单打独斗。

数字化浪潮一波接一波，今后肯定会更加强势。在未来，每个人无论其行业、公司规模、公司内的头衔、公司内的地位如何，都要将数字化转型当作自己的分内事来面对。笔者通过对国内外情况的调查和分析，在咨询领域面对无数次的失败和停滞不前，对数字化转型的开展施以援手。希望这本书能够帮助所有商业人士了解数字化转型的本质，并指导他们采取稳定的步骤进行变革。

内山悟志

总裁，现在是时候开始实施数字化转型战略了吗？

以下是一家公司的会议记录。

因为新冠疫情的影响，除总裁直接管理的部门，其他部门员工都还在远程办公。一位意志坚定的行政经理和员工来到总裁办公室，想和总裁谈一谈。

行政经理：总裁，面对疫情我们采取了居家办公的方式，现在是咱们公司真正推动数字化转型的时候了。您常说："要领先时代半步，就要做些新的事情。"那我们就从制定数字化转型战略做起如何？

总裁：当然！咱们公司针对数字化转型必须得做点什么……话说回来，"数字化转型"到底是什么呀？光从字面看不太容易理解。

员工：这个由我来回答。所谓"数字化转型"就是"使用数据和数字技术来改造产品和服务、商业模式，甚至公司本身"。

总裁：这与"IT 化"有什么区别？

行政经理：还是有很多区别的。数字化转型对咱们公司在业界确立和保持竞争的优势是必要的。

总裁：你们想说的事情我都了解了。那么我们该怎么做呢？

行政经理：需要做的事情有两件，下面就是我们准备的具体建议。

第一件要做的事
数字化转型的实践
渐进式创新
非连续式创新

二者
同时进行
很重要

第二件要做的事
数字化转型的
环境改善
企业内部改革与
IT环境的开发

总裁：等一下。那我该做点什么好呢？

员工：如果您允许的话，我希望您先了解一下数字化转型的相关内容。

总裁：你还真敢说。不过我也正好想学习一番。剩下的事就交给你们了。

员工：非常感谢。那么，就请您读读这本书吧。下次的视频会议上还请您谈谈心得。

总裁：我知道了。

通过数字化转型改变企业及思维方式，来应对社会的变化吧！

创建数字化转型推广部门！

首先，要考虑如何设立一个部门来推广数字化转型。方法还是很多的。比如，在现有的 IT 部门建立数字化转型推广团队与业务部门进行合作，或者在业务部门建立数字化转型推广团队与 IT 部门进行合作，等等。

完善公司内部规定和制度！

为了顺利开展数字化转型，仅设置一个部门是不够的。它应该在"建立新制度"和"放缓现有制度"两个基础上不断修正和灵活地进行。

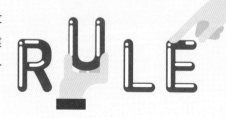

改变"什么事都该由人来做"的思考方式！

例如，就"人员配置"来说，与其凭人的经验和直觉来作决定，不如试试人工智能？也就是要重新审视凡事都依赖人工的做法。

在推广数字化转型时，你所在的公司需要你做些什么呢?
面对新的社会又该做怎样的准备呢?

颠覆现有的业务, 创造新的业务!

即便是业界顶级企业的核心业务，也不能始终处于优势地位。在某些情况下，企业必须颠覆现有的业务，创造新业务。

在一切都与数据相关的时代 生存下来!

当今，一切信息都通过电子化的数据进行分析和预测并反馈到社会。重要的是如何通过商品和服务回馈消费者、社会和地球。

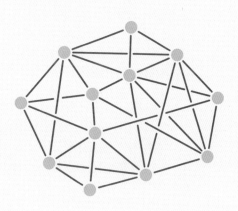

构想一个基于数字化的社会!

从实体到虚拟，从独有到共享，从消费到循环利用、再生的转变，生产者和消费者之间的界限已经不明确。我们需要对基于数字化的社会系统和经济活动作出回应。

目录

PART 3
数字化转型需要怎样的企业内部改革？

PART 4
如何开展数字化转型？

PART 5
数字化转型改变的社会、企业和商业
是什么样子的?

PART

1

数字化转型究竟是什么?

如今在数字化社会中正在发生着什么?

近年来，人们常常听到"数字化社会""数字化时代到来了"等说法。
这些描述的到底是怎样的一种现象呢?

◆ 一个重大的范式转变的序章

我们现在正处在一个重大的范式转变的旋涡中心，人们也称之为第四次工业革命。的确，人工智能（AI）、机器人技术、虚拟货币等已成为当今街头巷尾人们津津乐道的话题。而且，数字化设备从电脑转向智能设备，通过物联网技术将机器等物体与互联网相连，从而能将各种实物、事件转换为数据，用以表达和交流。

随着这种实物和技术的普及与推广，与之相伴的商业和生活方式也迅速发生着变化。人们不用去商店，在网上就能购物，不用翻字典，通过智能手机就能查到想知道的事情，这些变化已经不知不觉地深入了我们的生活。而且，Instagram 或 YouTube 上发布的内容瞬间就可以传遍世界。

以智能手机等实物的普及为基础，新型商业和服务通过这些设备迅速发展起来，使用它们的体验也能迅速共享和传播。

◆ 数字化创造出的虚拟世界

另一重大变化是虚拟体验或虚拟价值这类新概念的出现。例如，以前乘飞机、乘车的体验，只有经历过的人才能说得清楚。经济价值也是以货币这一实物来衡量和交换的。但是，数字化技术创造出的虚拟空间将改变这些。在虚拟空间召开会议、进行教学已经得到广泛应用，虚拟货币支付也已经成为可能。工作和娱乐在虚拟世界也可以体验。今后，不管是旅游观光还是看病问诊，这种体验将延伸至生活的各个方面。

　　虚拟世界中人际交往的体验也随着社交网络媒体的普及得到扩展和延伸。无论是数年未见的朋友还是从未谋面的海外友人，他们过着怎样的生活立刻可见。而且，通过灵活运用这种虚拟的人际关系，企业营销部门和顾客接触的方法也将发生变化。

[01] **数字化社会**

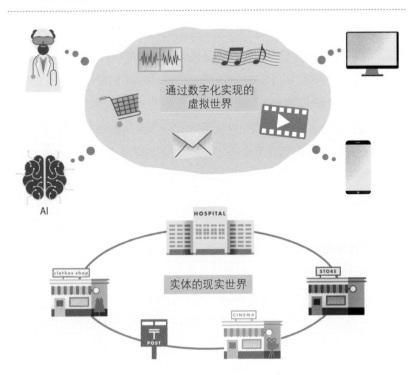

SECTION 02：

数字化转型的定义是什么?

社会、经济、产业结构等涉及企业生存的全部环境都处在数字化进程中，
为了应对这一趋势，越来越多的企业开始进行数字化转型。
那么，数字化转型到底是什么呢?

◆什么是数字化转型

　　最早提出数字化转型（Digital Transformation，DX）概念的是瑞典于默奥大学的埃里克·斯托德曼教授。2004 年，他提出数字化转型的定义是"通过信息技术的深化促使人们生活的各方面都向好的方向发展"。

　　但这一定义非常抽象，揭示的是大趋势，很难理解它具体指的是什么。与大趋势不同，日本经济产业省提出了针对企业的数字化转型的定义，并于 2018 年 12 月颁布了《数字化转型推广指引》。

　　根据《数字化转型推广指引》，数字化转型是"企业面对商业环境的剧烈变化，利用数据和数字技术，以顾客和社会需求为基础，改造产品、服务、商业模式的同时，改造运营本身、组织、流程、企业文化和氛围，从而确立竞争优势的过程"。

◆面对数字化社会，企业将全盘发生改变

　　日本经济产业省的定义里提到"利用数据和数字技术"，但它们只被视为达到目的的一种手段。也就是说，利用人工智能和物联网等数字技术并不是数字化转型的目的。数字化转型可以说是涉及企业全盘改造的非常广泛的概念，它不仅将改造"产品、服务和商业模式"，还将改造"运营

本身、组织、流程、企业文化和氛围"。改造的对象包括组织和企业文化等多个方面。而且,虽然以"确立竞争优势"为目的,但数字化转型并不止于竞争优势的确立。

社会、经济、产业结构等涉及企业生存的全部环境都在逐步数字化和持续变化中,为了竞争上的优势,必须不断进行变革。换言之,为了应对数字化社会,企业全盘大换血也不为过。

[02] **什么是数字化转型**

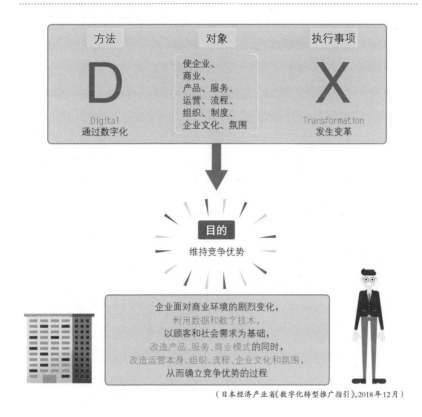

(日本经济产业省《数字化转型推广指引》,2018 年 12 月)

SECTION 03:

数字化转型是由两个要素构成的

数字化转型的举措大致可以分为两部分。

一部分是具体的与数字化转型相关的活动，

另一部分是为了推广数字化转型而进行的企业环境的完善和企业内部的改革。

◆数字化转型的"实践"与"环境完善"同时进行是很重要的

数字化转型由"数字化转型的实践"和"数字化转型环境的完善"两部分组成。二者不可分且必须步调一致。也就是说，在具体地进行数字化转型的同时，包括企业内部改革在内的环境完善也是必要的。

日本企业中的普遍现象是，在忽视环境完善和企业内部改革的情况下就开展数字化转型。在这种情况下进行数字化转型，往往受到环境不完善的阻碍，磕磕绊绊。

数字化转型有两种类型：一种是"运营的精密化和面向顾客创造新的价值"，即渐进式创新；另一种是"创造新型业务和进行商业模式改革"，即非连续式创新。前者主要针对既存的业务，利用数字化技术或数据，极大地改变企业的运营方式，或实现以前做不到的事情；后者是在公司以前没有开发的领域创造新业务或开辟新市场。二者在推广的方法和要实现的目标上有所不同。我们看到有关数字化转型的讨论总是在不同的层面上争论，正是对二者之间的差异缺乏明确认识的结果。

◆创造一个有利的环境，使企业能够持续变革

促进数字化转型的环境完善也有两种类型：一种是企业内部转型，包

括观念、制度、权限、流程、组织和人力资源的发展和转型；另一种是 IT
环境的完善，即对现有的 IT 环境和 IT 流程进行重新评估、简化和重建。
前者意味着推动各方面企业内部转型，为数字化时代做好准备；后者则
是针对日本经济产业省《数字化转型报告》所提出的"2025 年悬崖"，为
了改造腐朽的公司内部体制、实现快速系统化而重新审视开发和运营的
流程。

　　数字化转型工作对公司来说是一个漫长的旅程，通常被描述为"数字
之旅"。在准备长途旅行时，首先要确定目的地，并制定目标行程和路线
方针。也就是说，不仅仅是管理者和数字化转型的推动者，所有的员工都
要理解数字化转型的整体情况以及其发展的方向。

[03] DX 概况

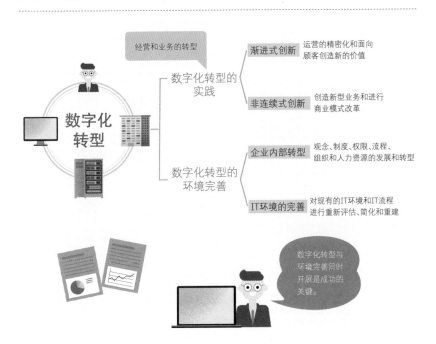

SECTION 04：

数字化转型与之前的 IT 化有什么不同？

企业使用计算机等信息技术已经有一段时间了，

数字化的数据也已广泛用于交流、共享和决策。

那么，传统的 IT 化与数字化转型之间有什么区别？

◆ **数字化转型涉及颠覆、转型和创造**

传统的信息化和数字化转型之间最大的区别是什么呢？即它是否仅仅是运营和业务的替换、改进或延伸，还是涉及颠覆、转型和创造。

迄今为止的信息化，对内的目的是在企业内部"提高经营效率"，通过信息的交流、共享和重复利用来实现操作的自动化和节省劳动力，使管理更加可计量化和可视化。面对客户和供应商等外部各方的目的是"提高业务的应对能力"，努力加强与客户的关系，扩大销售渠道，提高质量和改善交货时间。

数字化转型在企业内部也以"经营改革"为目标，希望实现业务本身的自动化、改革决策方法、改革指挥控制和组织管理等。对外它也期待创造新的客户价值、改变商业模式、进入新的商业领域等"经营改革"。

◆ **需要从新的视角进行经营和业务的转型**

迄今为止，企业一直在推动信息化，并在各方面利用信息技术。然而，必须明确的是，仅仅通过提高运营效率或实现部分运营的自动化，很难对经营和业务进行重大改组。换句话说，必须有突破传统经验和常识的创新想法，而不是对现状的延伸。

在过去，当使用信息化和 IT 技术来改善经营时，通常的做法是通过与业务部门沟通来获得问题和业务需求。但这种方法在数字化转型中可能不起作用。例如，当我们在公司里寻找可以应用人工智能的领域时，因为业务部门员工不知道人工智能能做什么，所以可能无法满足这些需求。

此外，业务部门的成员可能熟悉和习惯了他们目前的工作和业务流程，在部署人工智能时，可能产生"本来的目的是什么""流程真的合理吗"等怀疑。为了想出利用数字技术进行彻底的商业改革的好方法，有必要在零基础上探索适用的可能性。

[04]　**与之前的 IT 化有什么不同**

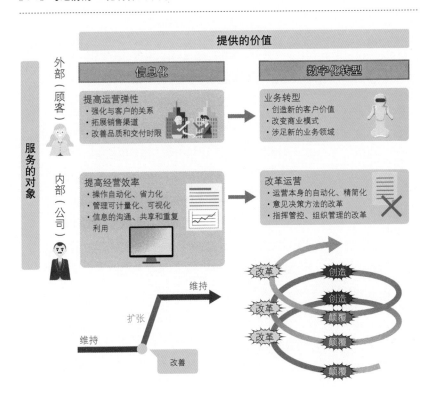

为什么现在数字化转型这么受关注？

为什么数字化转型今天会受到如此多的关注？

这背后的原因是商业环境的变化，传统经验不再适用，

加之技术的发展推动了企业的变革。

◆为什么数字化转型现在会受到如此多的关注？

现在，人们期待企业对数字化社会作出回应。

随着数字化突破了时间和空间上的限制，企业开始有危机感，即它们不能再像以前那样用同样的业务和战略来谋求生存。它们不再像以前那样靠制造和销售产品或提供服务来赢利，而开始摸索用其他方式来提供价值和体验。正如"跑腿送信的"和"轿夫"的工作被铁路和汽车夺走一样，同样的老旧事物在数字化的世界里也不会发挥作用。随着数字化的开展，跨地区和跨国界的竞争日益激烈，客户的价值观也在改变，并日益多样化。此外，还有一些新兴力量，即所谓的"颠覆者"，正在以新的商业模式颠覆现有产业。

在当今这个充满不确定性的时代，基于成功案例和先例的战略或过去创造的竞争优势很难保持几年。出生率下降和人口老龄化导致的国内市场的饱和感，从过去的战略中难以获得增长的停滞感，以及再继续这样下去行业将无法生存的危机感，都增加了寻求某种突破的势头。

◆技术的发展正在推动转型

同时，物联网技术的发展和智能设备的普及等技术进步，极大地拓展

了在企业一线利用信息技术和数字技术的可能性。云服务的渗透也大大有助于降低企业采用信息技术和数字技术的障碍。在过去，启动一项新业务需要多年的系统建设和技术引进，以及数千万甚至数亿日元的投资。

然而，现在可以在云服务等虚拟空间中制作样品，并在互联网上进行测试营销，缩短了从研发到投入的时间，而且不需要很高的成本。

在此背景下，人们对在核心业务领域利用信息技术和数字技术实现创新和开发新业务领域的期望越来越高。企业不仅希望提高其现有业务的效率和应对能力，而且还看到了在转变商业模式、创建新业务和改变行业结构等方面使用数字技术的潜力。

[05] 为什么现在企业都在寻求数字化转型

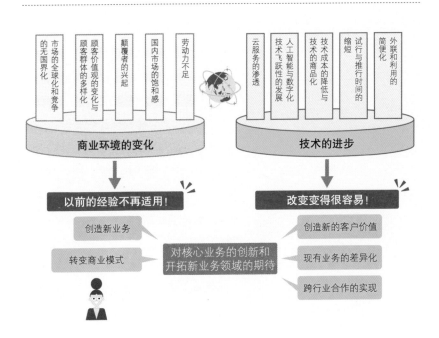

正在兴起的"颠覆性企业"

被称为"破坏者"的新力量正在各个行业中兴起。

在企业感到"无法再靠以前的业务和战略生存的危机"的背后，

是这些颠覆者的威胁。

◆颠覆者撼动了企业的主导地位

美国分析家詹姆斯·麦克维在他的著作《数字化颠覆：释放创新的新浪潮》一书中指出，数字颠覆者将从各个方面涌现并利用数字工具和平台抢夺客户，推动行业的创新。

数字颠覆者，特别是那些以数字技术为武器的颠覆者，正在用完全不同的商业模式来颠覆传统的行业结构和商业惯例，大大动摇了现有大企业的主导地位。

在美国，网上购物的兴起威胁到百货公司和购物中心的存在，这种现象被称为"亚马逊冲击"。在现实中，实体店关店和倒闭的例子也逐渐增多。"展示厅现象"，即消费者在互联网上购买产品之前，先到实体店看一看、查一查，以前一直被认为是一个问题，但智能手机的普及越发刺激了这种现象。

到实体店看一看实物商品，听一听商品的介绍和说明，亲手摸一摸，当场用智能手机在可以比较价格的网站上选一个最便宜的并在网上完成购物，这在如今并不稀奇，许多消费者可能已经体验过了。对那些花费了大量资金在交通便利的黄金地段建立了高楼大厦，并有着对商品了如指掌的店员和丰富库存的电子产品零售商和百货公司来说，"展示厅现象"等于把好处送给了网店这个大敌。

◆所有行业的颠覆者

提供出租车调度的"优步"和民宿"爱彼迎"等共享经济正颠覆性地冲击着现有的出租和酒店行业。在金融领域，包括电子支付和虚拟货币在内的金融科技也正在吸引人们的注意。

在制造业，3D 技术、虚拟现实（VR）和增强现实（AR）正在推动制造业改革。在汽车行业，电动汽车、共享汽车和自动驾驶预计将极大地改变竞争环境。数字化颠覆者可能是亚马逊或优步这样特定的公司，可能是共享经济这样的商业模式，也可能是 3D 技术、虚拟现实和人工智能这样的技术。

[06] **数字化颠覆者的涌现**

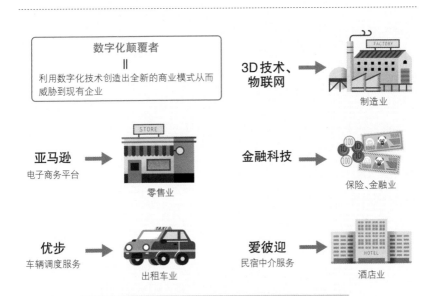

数字化颠覆者
‖
利用数字化技术创出全新的商业模式从而威胁到现有企业

3D 技术、物联网　→　制造业

亚马逊　电子商务平台　→　零售业

金融科技　→　保险、金融业

优步　车辆调度服务　→　出租车业

爱彼迎　民宿中介服务　→　酒店业

毫不夸张地说，技术进步是为了提高用户的体验而破坏了原来的行业结构、抢占了既有的工作。

数字化颠覆性企业的威胁

数字化颠覆者来自四面八方，

不仅对既有的企业，而且对整个行业和周边部门都有重大影响。

◆ 通过颠覆来确立竞争优势

数字化颠覆者以完全不同于以往的商业模式和愿意承担风险的速度出击。它们不仅使既有企业的成功经验、传统和历史变得无意义，甚至把支撑传统企业优势的既有资产、业务关系和员工变成了阻碍。

例如，截至 2020 年 2 月，民宿中介网站"爱彼迎"在全球 191 个国家拥有超过 600 万套注册房产和总共 5 亿名客人。这比万豪国际、希尔顿和洲际酒店等世界前五大连锁酒店的客房总数还要多，它因此成了世界上最大的"酒店"公司。可"爱彼迎"并不拥有任何房间。它没有自己的房舍、建筑等资产或员工，却不影响它提供住宿服务。这是与传统酒店业完全不同的商业模式，但它向那些想入住的人提供了住宿，这与酒店向顾客提供的价值是一样的。

◆ 颠覆行业的颠覆者的崛起

数字化颠覆者的威胁不仅影响到公司，也影响到整个行业和周边部门。例如，像"爱彼迎"这样的住宿共享经济，不仅从酒店业，还可能从一系列周边行业（包括床单供应商、保安公司、餐馆、食品供应商和与酒店合作的住宿预订服务提供商）那里夺走业务。

此外，汽车行业的移动性服务（MaaS，Mobility as a Service）和 CASE

（Connected：连接化；Autonomous：自动驾驶化；Shared/Service：共享化；Electric：电动化）的趋势预计不仅会影响汽车制造商，而且会影响汽车零部件行业、电车和巴士等公共交通行业以及快递等物流行业。

　　在日本，一些人对数字化颠覆者的出现持隔岸观火的态度，认为"这是外国的事"或"它与我们的行业不同"。确实，根据行业和商业领域的不同，受到数字化威胁的程度当然也有差异。然而，数字化颠覆者可以来自任何行业。它既可能是一家外国公司，也可能是一家国内的创投公司或不同行业的参与者。

[07] 数字化颠覆者的威胁

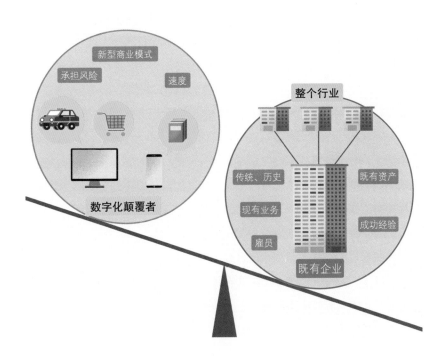

SECTION 08：

数字化对企业的"三种影响"是什么?

数字时代的到来将对企业产生什么影响?

在此，我们应该特别注意数字化对企业的三种影响。

◆ 现有企业持续主导地位的下降

数字时代的到来将从三个方面影响企业。

第一，是现有企业持续主导地位的下降。这是因为同行业的其他公司利用数字技术和数据提高了它们的优势，或者是因为拥有不同优势的新参与者的涌现，现有企业丧失优势的可能性正在增加。企业必须利用数字化技术和数据来提高业务质量和转变成本结构，以保持和扩大现有业务的优势地位。

◆ 颠覆者带来的行业颠覆的可能性

第二，有可能出现颠覆者对行业进行颠覆。所谓颠覆者的崛起，即它们利用数字技术提供新的客户价值或以不同的商业模式夺取客户，增加了破坏现有市场的可能性。在美国，被称为"亚马逊冲击"的现象不仅冲击了大型百货公司，也极大地打击了玩具反斗城和 Forever 21 这类被称为品类杀手的专业零售商店。

在日本，颠覆的浪潮也正在席卷所有行业，不再是河对岸的火。企业不得不抵抗颠覆者的冲击，将其产品和服务数字化，或利用数字技术和数据创造出新的服务。

◆ 通过数字经济实现结构转型

第三，是数字经济带来的整个社会的结构转型，其影响最为深远。企业如果跟不上数字化带来的社会制度和产业结构的快速变化，恐怕会被甩在后面。

例如，由于21世纪初到来的大规模数字化浪潮，摄影胶片市场急剧减少至仅剩十分之一的规模时，富士胶卷面临着整个行业灭绝的危机。然而，富士胶卷通过将重点转移到高性能材料和包括医药品、化妆品在内的生命科学领域，从而得以生存。正如铁路和汽车的普及极大地改变了人们的出行和物流的方式，这种结构变化带来的影响甚至发生在数字化之前。然而，数字时代的到来，比起工业革命带来的大规模的社会结构变化，更多在速度上改变着这个世界。

[08] **数字化对企业的三种影响**

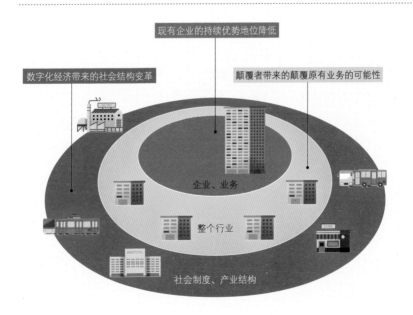

- 现有企业的持续优势地位降低
- 数字化经济带来的社会结构变革
- 颠覆者带来的颠覆原有业务的可能性
- 企业、业务
- 整个行业
- 社会制度、产业结构

数字化时代要求企业具有的"三种能力"

企业为了生存和成长，面对数字化对企业的三种影响，
必须具备三种能力。

◆ 数字化带来的危机

首先，针对"现有企业持续优势下降"的影响，要有利用数字技术和数据来升级和改造现有的业务和经营的能力，也就是有"推动渐进式创新的能力"。

为了应对同行利用数字技术和数据来提高自身的优势，或者应对具有不同优势的新参与者的出现，企业必须领先于同行，更有效地利用数字技术和数据以保持和扩大自己的竞争优势。

为了应对第二种情况，即"颠覆者对颠覆行业的可能性"，必须有以数字化为前提创造新的客户价值的能力，即"非连续式创新的能力"。

在某些情况下，企业可能不得不颠覆现有的业务来创造可能的新业务。如果自己的公司不这样做，就必须考虑其他公司会不会这样做。

为了应对"数字化经济带来的结构转型"的影响，需要通过不断改造自己来回应社会和市场的数字化的能力，也就是"适应变化的能力"。即使一个企业能够通过"渐进式创新"保持现有业务的优势，或通过"非连续式创新"创造了新的业务，如果它只做一次，也将无法跟上社会制度和产业结构的下一次变化，并将被甩在后面。

◆ "三种能力"也就是"持续进行数字化转型的能力"

"非连续式的创新创造"和"渐进式的创新促进"对应的是"数字化转型的实践"。企业可以专注于两者之一，也可以两者共同发展。

"适应变化的能力"对应的是"数字化转型环境的完善"，是"数字化转型的实践"的基础。它要求企业创造一个能够促进数字化转型的完善的环境，让企业的每个人都可以在不知不觉中不断地进行渐进式和非连续式创新。

[09] 数字化时代企业应该具备的"三种能力"

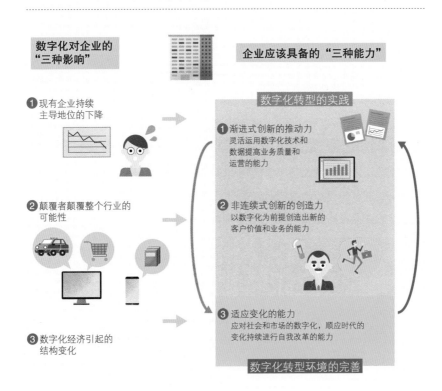

数字化对企业的"三种影响"

❶ 现有企业持续主导地位的下降

❷ 颠覆者颠覆整个行业的可能性

❸ 数字化经济引起的结构变化

企业应该具备的"三种能力"

数字化转型的实践

❶ 渐进式创新的推动力
灵活运用数字化技术和数据提高业务质量和运营的能力

❷ 非连续式创新的创造力
以数字化为前提创造出新的客户价值和业务的能力

❸ 适应变化的能力
应对社会和市场的数字化，顺应时代的变化持续进行自我改革的能力

数字化转型环境的完善

"双向经营" 必不可少

在数字时代生存的公司将需要"渐进式创新"来改善现有业务，
并通过"非连续式创新"来开发新的业务和市场。
这两方面对企业的经营来说是必不可少的。

◆ 调和"渐进式"和"非连续式"创新的困难

数字时代的企业是可以适应商业环境的变化并且自身不断发展的，它们通过"渐进式创新"保持和加强现有业务的优势，并在面对不可避免的挑战时，能够快速而持续地进行"非连续式创新"。

然而，许多大型传统公司更愿意和习惯于"渐进式创新"来维持它们成功的业务，而不擅长开发全新业务和市场的"非连续式创新"。

虽然"渐进式创新"有助于延长现有业务的寿命，但在数字化颠覆面前它是无能为力的，仅着重这一项最终会导致企业的衰退。

但是，像创投企业那样仅仅依靠非连续式创新也是不可能生存的。只靠一次非连续式创新就取得成功是无法维持企业的持续增长的。因此，企业既要维持现有业务的优势又要开拓新领域，就要学会"双向经营"。

◆ 什么是"双向经营"？

"双向经营"是在查尔斯·奥莱利和迈克尔·塔什曼共著的《领导与颠覆：如何解决创新者的困境》一书中提到的。如图解 10 所示，"渐进式创新"和"非连续式创新"关注点不同，所需的组织结构也不同，因而不容易并立。在这本书中，作者指出成熟企业成功的要素是"深化"，即渐进式的改进，细致关注客户需求和严密执行改革措施；而新兴企业的成功因素是"探索"，即速度、灵活性和对失败的抵抗力。能做到这两点的组织能力被称为"双向管理"。

"深化"是指为了让现有的成功业务更进一步而重视效率、控制、稳定性和减少不确定性，通过不断的完善使企业具有协调能力。与此相对，"探索"重视的是自发性、实验性和速度，它通过提出新的商业概念、细分市场和锁定客户，一边测试一边持续地进行调整从而开拓新的业务领域。这意味着一种重视实验和敏捷性的企业文化的形成。

企业要持续发展下去，就必须将数字化转型的实践变成整个企业持续的活动，并能够适应商业环境的任何变化。

[10] 企业所需要的"双向经营"是什么

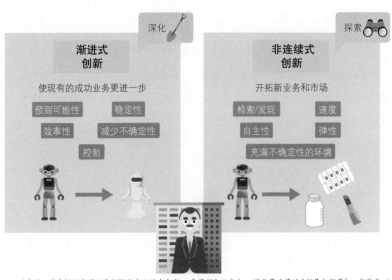

深化

非连续式
创新

渐进式
创新

使现有的成功业务更进一步

开拓新业务和市场

预测可能性	稳定性
效率性	减少不确定性
控制	

检索/发现	速度
自主性	弹性
充满不确定性的环境	

探索

（来源：作者根据东洋经济新报社出版的查尔斯·奥莱利和迈克尔·塔什曼共著的《领导与颠覆》一书作成。）

企业应该通过 DX 来实现什么目标?

企业在实施数字化转型时应该拟定一个渴望成为的企业的形象。

因为如果没有明确的愿景，数字化转型肯定会误入歧途。

那么，企业应该渴望成为什么样子呢？

◆ 数字化转型是永远不会结束的

正如本章第二节所述，数字化转型的目的是"改造产品、服务、商业模式的同时，改造运营本身、组织、流程、企业文化和氛围，从而确立竞争优势"，所以它不是一个短暂的活动，而是一个持久的需要维持的过程。在一个商业环境不断变化、技术不断发展的世界，即使通过数字化转型确立了竞争优势，也不是一劳永逸的。为了保持竞争优势，企业必须继续改变，并应该意识到数字化转型的努力是没有终点的。

通过灵活运用数据和数字化技术改造经营和商业模式这种具体的数字化转型实践是竞争优势的来源。除了要维持这样的状态，企业还必须发展面向数字化转型的完善的环境，使数字化转型在不知不觉中得到推广。这两方面同时进行，最终适应环境的变化，企业成为自主变化的组织，这是数字化转型的目标。

◆ 将数字化转型的愿景付诸文字

数字化转型的目标是让企业成为一个能够不断变化的组织，但为了真正促进数字化转型的发展，每家企业都应该有自己的目标形象。"通过数字化转型，我们要成为怎样的企业？"这样明确的愿景是很有必要的。愿景显示了企业在 5 年或 10 年后想要达到的目标，最好用简明而具体的语言来描述。

2018 年 1 月，在美国内华达州拉斯维加斯的年度消费电子展（CES）上，丰田汽车公司总裁丰田章男宣布了公司的新愿景。他说，丰田汽车公司正在"从一个汽车制造商转变为一个提供移动服务的公司"。在这一愿景中，"公司将做什么"和"公司不做什么"都明确地表达了出来。换句话说，这一愿景宣告了丰田将并不局限于汽车制造和销售的传统业务，还将提供包括各种交通工具在内的移动服务。

展示数字化转型的愿景，是管理层的一项重要职责。

[11] **企业通过数字化转型想成为的样子**

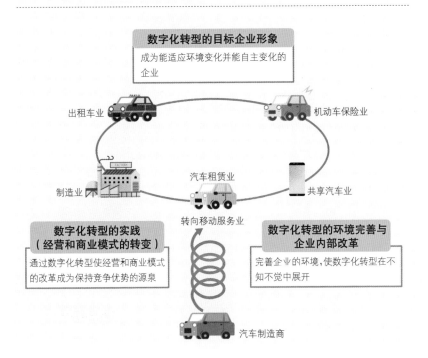

数字化转型是什么?

1 数字化转型的定义

最早提出数字化转型概念的是瑞典于默奥大学的埃里克·斯托德曼教授。他提出数字化转型是"通过信息技术的深化促使人们生活的各方面都向好的方向发展"。日本经济产业省更具体地指出，数字化转型是企业"利用数据和数字技术"，"改造产品、服务、商业模式的同时，改造运营本身、组织、流程、企业文化和氛围，从而确立竞争优势的过程"。

方法	对象	执行事项
D Digital 通过数字化	使企业、商业、产品、服务、运营、流程、组织、制度、企业文化、氛围	**X** Transformation 发生变革

2 数字化转型由"数字化转型的实践"和"数字化转型环境的完善"两部分组成

二者不可分且必须步调一致。也就是说，在具体地进行数字化转型的同时，包括企业内部改革在内的环境完善也是必要的。

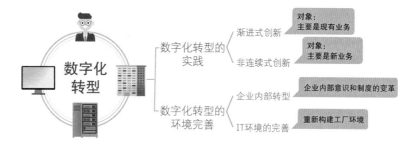

第一部分围绕急剧变化的社会中数字化转型的定义、整体情况以及与传统 IT 化的不同点进行了解释。主要内容总结如下。

3 数字化时代的强者是拥有三种能力的企业

随着数字化时代的到来，企业主要在三个方面受到影响：现有企业的持续主导地位下降；颠覆者带来的行业颠覆的可能性；以及数字经济带来的结构转型。为了克服这些影响、谋求企业的发展，拥有三种能力很重要：利用数字化改造现有业务的"渐进式创新"的能力；创造新的业务和客户的"非连续式创新"的能力；以及适应变化的能力。

❶ 渐进式创新的推动力
灵活运用数字化技术和数据提高业务质量和运营的能力

❷ 非连续式创新的创造力
以数字化为前提创造出新的客户价值和业务的能力

❸ 适应变化的能力
应对社会和市场的数字化，顺应时代的变化持续进行自我改革的能力

4 通过数字化转型，企业想成为怎样的组织？

在开展数字化转型时，企业必须对它们想成为什么样的组织有明确的愿景。否则，数字化转型将不可避免地走入歧途。

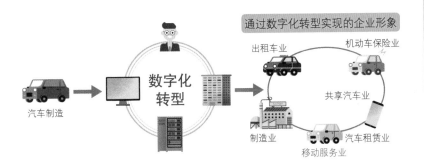

通过数字化转型实现的企业形象

汽车制造　数字化转型　出租车业　机动车保险业　共享汽车业　制造业　汽车租赁业　移动服务业

专栏 | 数字化转型小故事①

作为危机管理手段的数字化转型

2020 年初，随着新冠病毒感染者增加，人们开始居家隔离，企业都建议远程工作。然而，日本厚生劳动省与即时通信软件 LINE 在 2020 年 3 月 31 日至 4 月 1 日联合进行的一项调查发现，只有约 14% 的受访者进行了远程工作。

已经推广居家办公的企业可以迅速地应对这一局面，而大多数企业之前仅是引进过网络会议，面对这一局面无力应付。

确实，有一些工作是很难进行远程办公的，如商店的客户服务、建筑工地和工厂装配工作。然而，在许多情况下，即使是正常的办公也因缺乏数字化而受到阻碍。例如，不得不邮寄纸质发票，不得不将日常销售报告输入内部系统，或者只有电话或面对面的沟通方式。这些问题基本上都可以通过互联网和云技术来解决。另外，在某些情况下，报告和批准程序、就业法规和人事评估制度等不完善也是障碍，企业内部也有必要进行改革以改善数字化转型的环境。

今后，企业应该不仅关注大流行病，也要考虑到其他大范围的灾害对企业活动的影响，以此为前提设计业务和工作方式。如此看来，数字化转型不但对企业的发展有推动作用，其作为一种危机管理和风险对策的重要性也得到了证实。

为企业发展作贡献！　DX　有效的风险对策！

PART

2

将数字化转型付诸实践
的举措有哪些?

数字化转型将在哪些领域开展？
确定最适合的目标领域

在实施数字化转型时，明确自己的方向是非常重要的，
即"哪些生意和业务将利用数字技术进行改造，以及如何改造？"
要做到这一点，有必要了解数字化转型的目标领域和应用模式。

◆数字化转型的目标领域根据"提供的价值"和"业务 / 顾客群"分为四类

当以"数字化转型的实践（运营和商业模式转型）"为目标领域进行分类时，它们可以被分成一个四象限的组合，如图解 01 所示。

即使在向传统企业和顾客群体提供传统产品和服务（提供的价值）方面，数字化转型也是有机会的（图中的❸）。过去，企业一直在使用信息技术的范围内努力提高业务效率和信息共享，但通过在使用人工智能（AI）、机器人流程自动化（RPA）和物联网（IoT）等数字技术的基础上审查内部运营状况，新的应用领域也浮现出来。

为了向传统顾客群提供新的价值就必须创造新的价值（图中的❶）。改进产品和服务是提高价值的一种方式，但不仅限于此，改变定价和收费制度也很有效。例如，对设备销售按月收费，或把免费服务改为有偿服务。

在向新的顾客群体提供常规产品和服务的领域（图中的❹），企业有必要通过改变商业模式来接近不同的市场。

例如，可以通过改革目标顾客来吸引新的顾客群，如将以前只针对企业法人顾客的服务扩大到普通消费者；改革收入来源，如将订阅收费模式改为广告模式；改革交易途径，如将通过代理商的间接销售改为通过互联网的直接销售。这些方法都能够吸引新的顾客群。

为了向新的顾客群提供新的价值，有必要创造全新的产品、服务、业务和市场（见图中的❷）。在数字化商业领域，许多利用数字技术特点的新商业模式已经产生，并引起了人们的关注。

◆ 首先要明确"在哪些领域开展数字化转型"

数字化转型的目标不应该是引进人工智能等先进技术，更不应该是示范实验，这就要求企业必须明确"哪些业务和运营要转型，以及如何转型"。图解 01 中的四个象限组合各有不同的数字化转型推进方式和不同的关注点，因此，具体思路的制定、体制的建构和实施过程的决定都要针对特定的目标领域而为。

[01] 数字化转型的目标领域

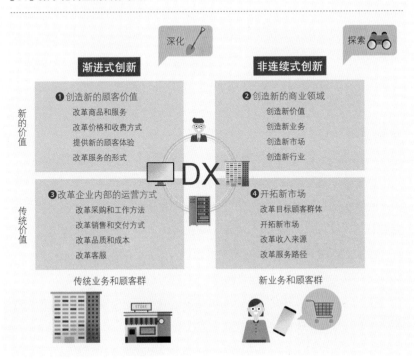

你需要了解的数字化"四大趋势"

企业现在和将来会需要什么样的数字化转型？

不仅要关注人工智能和物联网等技术，也要了解其发展和传播的脉络和背景，

并思考世界和企业将因此发生怎样的变化。

◆ 技术逆反的现象正在发生

　　一代人之前，在军事、工业和学术领域开发的先进科学技术及其应用被转移到一般企业的商业领域，然后再转移到消费者。超级计算机和互联网的应用也遵循了同样的模式。然而，如今出现了一个相反的现象，面向消费者的技术被用于民间企业和军事领域。企业如何纳入一般消费者使用和普及的技术，如智能手机等移动设备、公共云和社交网络等，已经成为重要议题，而这一趋势在未来会进一步加快。

◆ 企业需要应对的"四大趋势"

　　企业应该关注的数字化转型趋势有四种：社会和产业的数字化；顾客关系的数字化；组织运作和工作方式的数字化；以及创造适应数字化的新商业。

　　在社会和产业的数字化过程中，3D 打印改变了制造业，无人机和全球定位系统（GPS）改变了包裹邮递，这些变化都正在成为现实。

　　在顾客关系的数字化方面，商店变成了展示厅，企业通过社交网络与顾客建立联系，传统的购买方式也在发生变化。

　　在组织运作和工作方式方面，就业和工作模式更多样、组织管理更灵

活、人力资源的全球化和雇员流动性（人力资源的流动）也将进一步得到改善，预计"就业"和"工作"的概念也将发生重大变化。这些将对评价和奖励的方式、共识的形成和决策的过程产生影响。

在数字化商业领域，各种基于信息技术和数字技术的商业模式正在出现。

面对这四种趋势，企业作出与之相对的回应，即对应利用数字技术改造企业和运营的"业务转型领域"；应对顾客数字化应用的"顾客融入领域"；应对开拓新的工作和组织管理方式的"未来工作领域"；以及在数字技术的基础上创建新行业和业务的"数字化经济领域"。

[02] 值得注意的数字化"四种趋势"

数字化的趋势	企业应对的领域	相关的关键词
社会、产业的数字化	→ 业务转型 与业务直接相关的特定行业和业务的信息技术	物联网、M2M、智能城市、智能电网、3D打印、虚拟现实/增强现实/混合现实
顾客关系的数字化	→ 顾客融入 营销与信息技术的融合	数字化消费者、数字化营销、用户体验、O2O、全渠道营销
组织运作、工作方式的数字化	→ 未来工作 用信息技术开辟未来的工作方式	工作方式的转变、全球合作、组织和人力资源的多样化、决策过程的改革
创造适应数字化的新商业	→ 数字化经济 灵活运用数字化创造新的商业模式	数字化生态系统、平台战略、API经济、共享经济

业务转型领域：保持和扩大企业的优势

所谓"业务转型"，就是企业为了应对社会和产业的数字化，

充分利用数字化技术和数据对原有的业务和运营进行大幅改革。

◆ 所有行业都在广泛展开的业务转型

业务转型并不涉及业务领域的重大变化或创建新的业务，而是改变产品和服务的创造和交付的方式，改变交易和收费的方式，以及转变提供给顾客的价值。

有一项技术可以应用于改造所有行业的业务和运营，那就是物联网。所有行业都在利用设施、设备、物体和人等管理资源进行运作，其位置和状态可以通过物联网进行可视化、监测和控制。此外，通过物联网收集的设施、设备和物体的状态和运行条件的数据可以被分析，从而进行预防性和预测性维护，以及远程和自动维修。

而且，物联网还可以捕捉到人和物体的位置、运动和行为，以预测其后续动向，从而为改善服务提供建议。

◆ 根据行业特性进行的各种数字化

制造业是在早期阶段就受到数字化显著影响的行业之一。其中使用物联网的产品智能化、使用 3D 技术的增材制造技术以及通过整个制造过程的数字化实现的智能工厂，在未来将成为整个制造行业重要的主题。

此外，在机器人手臂和设备的远程操作已成为现实的今天，人工智能和机器人技术在制造现场以及仓储和物流中的使用将变得更加频繁，并向

自动化和无人化发展。

　　在流通领域，对拥有许多大型商店的百货公司、大型综合超市和零售商来说，如何应对网上购物的兴起而保持竞争优势成为重要课题。为了实现这一目标，它们需要升级实体店铺接待顾客的服务，提供更好的实体店购物体验。还应该重视使用物联网进行客流量分析和店内促销活动。

　　大型银行等金融机构正在推动店内业务的数字化和文书处理的无人化。这将带来人员的大幅减少和劳动力的转移。

　　医疗领域的远程医疗、机器人手术、医疗图像和医疗记录的数据分析也取得了很大进展。

　　在其他领域，如灾害预防和犯罪预防、老年人监控、能源管理以及交通和物流等各行各业的数字化也在不断进步。

[03] 业务转型领域的数字化

033

顾客融入领域：加强与顾客的联系

"顾客融入"是指与顾客之间建立较深的关系。

随着消费者越来越多地使用智能手机和社交网络，

以及交易和交换信息的手段变得更加数字化，

企业也在寻求利用数字技术和数据来加深与顾客的关系。

◆升级与顾客联系的服务

深化与顾客的关系对企业来说至关重要，企业与顾客联系的方式，即"顾客融入"，也需要改变。

通过互联网能够轻松获取信息而兴起的店铺展示，以及通过社交网站将消费者联系起来等新型销售模式的出现，都导致了购买行为的变化。对此，企业应该利用数字技术找出潜在顾客，与他们建立联系、加强联系，并提高顾客满意度。

即使网上的顾客和光临实体店的顾客是同一个人，接待的方式也应该是不同的。应该把网上的顾客引至自家的实体店，而把实体店的顾客引至公司的网站上，这样比较有效。为了做到这一点，就必须重视全渠道销售战略，也就是通过一切可能的媒体建立起与顾客的接触点，令顾客不在意购买渠道。

此外，无论哪个行业，都需要更高级的顾客接触点、呼叫中心等咨询业务，通过使用人工智能和聊天机器人的自动应答、虚拟代理和顾客体验高效化或自助服务的推广，来革新与客服有关的业务。

◆营销与信息技术的融合

在未来，传统的市场营销和信息技术融合在一起将形成一个新的领域，这将彻底改变销售渠道和顾客关联，企业和产品宣传其价值和品牌的方式，以及收集顾客和市场状况信息的方式。

现在在产品规划和改进、产品分类和店面建设、服务和支持等方面充分利用"顾客之声"的例子很常见。之前很难在实体商店中获得顾客的详细信息，但现在可以从使用积分卡和智能手机支付的顾客那里收集各种数据，利用这些数据进行营销是一种有效的策略。

今天已不是"只要做出好的产品就能卖出去"的大规模生产、大规模消费的时代，当今社会更看重的是如何从顾客的角度出发来设计产品和服务，以及如何提供和使用这些产品和服务。

[04] 顾客融入领域

SECTION 05：

未来工作领域：组织运营与工作方式大幅改变

为了应对劳动力减少和劳动者价值观的变化，

就业和工作形式多样化的趋势加快了，

"就业"和"工作"的概念也会发生很大改变。

◆ 工作方法的多样化进一步发展

在日本，许多公司的组织运行方式和人们的工作方式仍然基于经济高速增长时期的框架，而不适合未来的竞争环境。

为了留住优秀的人力资源，维持他们为企业作出贡献的积极性，企业必须促进就业和工作方式的多样性，包括允许员工以各种不同的方式工作和人力资源的全球化。副业和兼职工作、居家办公和远程办公预计将进一步普及。这将对人员的评估和奖励方式，以及组织中的共识建设和决策过程产生影响。

许多企业一直推动工作方式和环境的改善，例如无纸化办公、引入视频会议、实施免费地址系统、使用 IP 电话，为了方便沟通而组建社交群和内部社交网络服务等。现在软件机器人和人工智能取代人工来执行任务的情况也越来越多。

在审视未来的业务流程时，在考虑人工操作、利用电脑操作等方式之外，还应该考虑到由软件机器人和人工智能自动执行的任务。工厂、建筑工地、商店和窗口服务等领域中，数字化技术的使用也在增加。为各行各业的工作开辟新工作方式的"未来工作领域"将获得更多的关注。

此外，考虑到传染病流行的风险以及在发生大型灾害时确保业务的连续性，企业也应该改革运营和工作方式。

◆对经验和常识提出疑问

一般来说，当提到"未来的工作方式"时，人们往往会想到人力资源部门推动的远程办公和弹性工作时间等工作方式相关的制度性举措，或是IT 部门推动的移动办公和远程会议等工作方式的创新举措。

然而，在深入研究工作方式时，必须回到对事物更基本的定义上来，如工作和报酬之间的关系、"就业"的概念和"企业"的框架。要讨论的点可以说是多层次的：工作和报酬的关系、工作的场所、组织方法、意见沟通和共识的形成、下达命令和汇报的方式、决策的方式，等等。

这就需要企业对传统的经验和常识提出疑问，例如，会议的目的是什么，电话和电子邮件是否为最好的沟通方式，报酬是否与工作时间相符，以及上司与下属的关系是否必要。

[05] **未来工作领域**

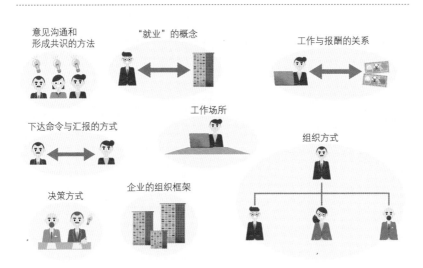

SECTION 06：

数字化经济领域：了解数字化带来的新型经济

近年来，以数字化为前提出现很多新的行业和业务。
这种基于数字化的经济现象被称为"数字化经济"。

◆所有行业都出现了数字化经济

在制造业中，通过对带有传感器和互联网连接的智能产品（网联汽车和智能家电）中收集的数据进行组合和分析，新的应用领域出现了。这些领域正作为新的业务得到推广。基于大规模生产和大规模消费的经济模式正在走向衰落，预计从制造业向服务业的商业模式的转型将加快。

在销售领域，外国游客疯狂购物的劲头已经过去，日本国内人口日益减少，如何像制造业那样从"产品销售"转向"服务销售"成为关键，升级顾客体验和利用数字技术提供产品以外的附加值也日益重要。此外，互联网和社交网络服务的普及增加了生产者和消费者之间直接联系的机会，除了"购买"以外，"租赁""共享""维修和长期使用"等共享经济的出现也吸引了人们的注意。对此，如何重新定义制造业和流通业提供的价值是今后的课题。

金融业一直在广泛使用信息技术，并与数字技术紧密相关，但数字化在金融领域的发展会更快，被称为金融科技的新趋势将对整个行业产生重大影响。在日本，在全能银行（综合金融服务）的潮流下，以巨型银行为中心，正在推行通过放松管制来扩大业务的战略，通过促进支持顾客综合资产建设的数字生活咨询服务、基于数据的资产管理以及寿险和非寿险产品等业务来激发整个行业的活力。

◆通过数字技术解决社会问题

电力和天然气行业、运输和信息通信行业、公用事业和公共机构以及地方政府是社会的基础，为社会提供大多数的公共服务。这些领域也将利用数字技术解决各方面的社会问题。

日本是一个在研究方面很发达的国家，低出生率、人口老龄化、劳动力短缺、城市老旧化、防灾 / 预防犯罪、全球变暖、资源和能源问题、粮食自给、人口减少引起的空屋问题等不胜枚举。为了应对这些问题，可以广泛且充分地利用物联网和图像、语音和视频识别技术，人工智能和机器人技术，以及大数据分析。

[06] 数字化经济领域

服务业

制造产品用以销售　　把产品作为服务来提供

共享经济

共享

解决社会问题

城市老旧化

防灾/预防犯罪

缺乏劳动力

资源和能源问题

低出生率、人口老龄化

人口减少·房屋空置

全球变暖

粮食自给

数字化经济是社会数字化所产生的经济现象。

以数据为中心的七种数字化转型
实践模式是什么?

数字化转型从什么开始比较好呢？很多企业可能感到无从下手。
这里就把数字化转型的实践按模式分类，介绍一下提出创意的窍门。

◆数字化转型实践模式主要分为两类

　　数字化转型实践模式可以分为两大类：关注"数据"的模式和关注
"关联"的模式。本节介绍的是关注数据的模式。随着数字设备的主流从
个人电脑转向智能设备，而通过物联网技术，所有设备和设施都可以连接
到互联网，各种事物都可以转换为数据来表达和沟通。这就催生了新的应
用方法和商业模式。

◆企业应该知道的七种实践模式

　　以数据为重点的实践包括以下七种，包括大数据的利用、数字内容的
利用和无形价值的数字化。
　　（1）物的数据：物体不断产生的大量数据被传感器和其他手段收集，
经过处理和分析，在运营和业务中加以利用。
　　（2）人的数据：人们的活动不断产生的大量数据被收集、处理和分
析，在业务和商业中使用。
　　（3）图像和声音的数字化：通过还原、编辑和转换图像和声音等数
据，创造不同的附加值。
　　（4）有形物体的数字化：将有形物体的形状转换为三维数据，用于结
构分析、模拟、制造和修复。

（5）数字内容利用平台：支持分散的数字内容的聚集、存储、分发、再利用和供应。

（6）经济价值交换：与货币有同样的价值或特权和利益的虚拟交换。

（7）有偿提供增值数据：有偿提供具有高度稀缺性和实用性的数据和信息。

例如，小松公司的智能机械管理系统 KOMTRAX 通过 GPS 和无线通信收集和分析建筑设备的位置和运行状态来提升顾客价值。这是一个物联网的例子，也是一个"①物的数据"的实践模式。像 Cookpad 这种菜谱网站或像 Dropbox 这样的文件存储、共享的服务属于"⑤数字内容利用平台"。此外，优惠券网站 Groupon 和可以在网上使用的电子货币 BitCash，因为与货币有同样的价值、特权和利益能够虚拟地进行交易而属于"⑥经济价值交换"。

[07] **着眼于"数据"的七种数字化转型实践模式**

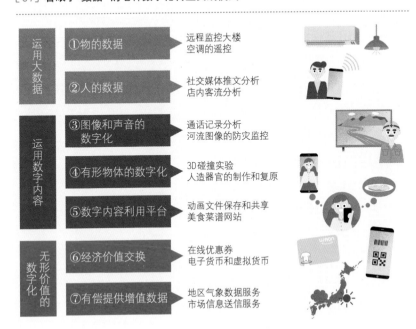

物的数据

根据来源，大数据可分为"物的数据"和"人的数据"。

它基本上是对不间断产生的大量数据进行收集、处理和分析，

并将其用于运营和业务。

◆捕捉物联网带来的"物的数据"

在"物的数据"方面，由于物联网能使设备和器材等各种物体都连接到互联网，并收集其运行状态和周围环境的数据，因此应用领域迅速扩大。

最初，能连接到互联网的设备仅限于计算机和电信设备。然而，带有小型化移动通信模块的设备和传感器也已经能够连接到互联网，现在将电视、音频设备、照明、人工智能扬声器和其他数字电器、私家车、自动售货机和工业设备连接到互联网的情况很普遍。不仅连接设备，而且连接道路、公路和工业设备也变得越来越普遍。除了设备，传感器和通信模块也可以安装在道路、河流、大坝、建筑和其他设施，甚至自然环境中，与互联网连接，进行监测和远程控制。

◆利用"物联网数据"的三个步骤

第一步是"监测和可视化"，可以掌握物体的位置移动、运行、使用情况以及正常与否。

第二步是"控制和自动化"，它使设备等能够在无人看管的情况下操作和运行、保持良好的条件，并修复异常情况。这消除了地理和空间的限

制，从而实现了压倒性的成本节约，并大大减少了工作中的劳动力。在汽车、家电、生产设备等的制造中，通过用软件控制产品的功能和性能，不必生产很多样品就能为顾客提供多种选择。

第三步是"优化和自主"，它将实现自主决策和行动，自主改进到最佳状态，以及拥有预测和控制局势的能力。物联网的价值在于，它能把所有的东西都与互联网相连，所有物理现象都可以以数字数据的形式被捕捉，获得的数据经过分析被反馈给人或物。而分析这些数据可用于检测预测性故障、节能和回收。

从车内设备可以收集驾驶相关的数据，用于计算汽车保险费。还有一些新的商业模式的例子，如根据 GPS 数据调度出租车。

[08] 利用"物的数据"的三个步骤

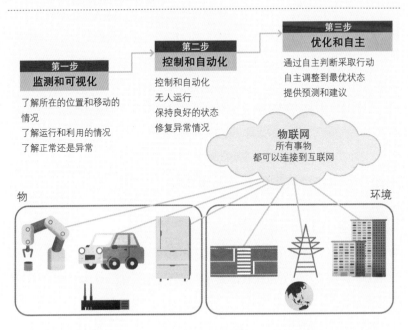

SECTION 09：数据型 DX 实践模式②

人的数据

PART 2　将数字化转型付诸实践的举措有哪些？

人们在日常生活中可以产生各种各样的数据。

这些数据可以分为三个主要类别："言论""行为"和"生物体征"。

通过关注这些"人的数据"，新的商业模式正在被创造出来。

◆ "人的数据"主要是言论、行为和生物体征

有三种主要的"人的数据"可以被数字化和利用：言论、行为和生物体征。言论包括推特上的推文，照片墙上发布的照片，以及购物和餐馆网站上的点评。

关于行为的数据是广泛的。带着智能手机走路、通过车站闸机、在商店和网店购物、使用信用卡和会员卡都可以产生各种数据。此外，摄像机可以拍下可疑的入侵者或体育运动中的运动员的形态，这些也可以作为数据被利用。

生物体征数据可以从苹果手表等可穿戴设备以及带有特殊芯片的鞋子和衣服中收集。

◆ 如何利用三种类型的数据开展业务

"言论"是人们发出的重要信息。在互联网和智能手机普及之前，消费者只是单方面地接收信息，而现在消费者也可以传递信息并拥有较大的影响力。所以企业开始重视收集和分析消费者的反馈，以用于市场营销和产品开发。

"行为"的数据也是一个重要的分析对象。最近，店内摄像头和传感

044

器使得捕捉顾客流动路径成为可能，根据这些数据可以用相应的产品展示和数字标牌来进行及时促销。在体操和高尔夫等运动中通过分析身体动作，可以就更好的形体姿态和训练方法提供建议。

　　"生物体征"数据在保健和医疗领域将变得越来越重要。利用步数、脉搏、心率和体温等生物体征数据，旨在增进健康的应用程序和人寿产品越来越多地被开发出来。

［09］"人的数据"分为三种

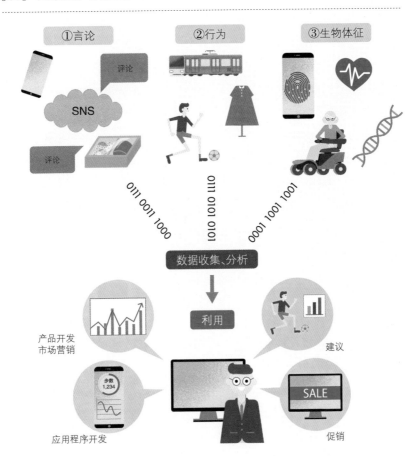

图像和声音的数字化

数字化内容的利用包括"图像和声音的数字化""有形物体的数字化"
"数字内容利用平台"三种模式。

首先介绍一下利用"图像和声音的数字化"的情况。

◆作为新一代用户界面的语音

图像和声音的数字化并不是特别新的事物。数码相机和数码录音机之前已经被广泛使用。然而，数字化可以使图像和声音更容易被组合、编辑和转换，从而创造出新的附加值。

图像和声音数据与文本相比体积较大，处理时间也更长，但随着大容量存储设备、高速数据传输的出现和智能设备处理能力的提高，图像和声音数据的使用范围也扩大了。

应该看到的是，语音正在取代键盘、鼠标和触摸板成为新一代用户界面。将其与机器翻译和深度学习等技术相结合，有望在顾客服务、工作指示和实时自动翻译等方面带来新的体验和创新业务流程。

利用语音数据的技术包括语音识别、语音合成和自然语言处理，它们不仅可以代替人的耳朵和嘴巴，而且可以用人类日常使用的自然语言进行对话。

◆适用于多个领域的图像数据

图像识别技术被用于质量检查和工业机器人的物体识别等方面的例子不在少数。

在生产现场和商店里，视频和图像作为信息交流手段，取代了直接交流、文字、图表和照片等方式。特别是视频因为直观而具有高度的表现力，因而在需要解释复杂信息的交流场合，如促销活动、手册、顾客支持和教育中被广泛使用。

最近，从监控和态势感知领域开始，实时视频正越来越多地被用于商业目的。安装在无人机和机器人上的摄像头可以拍摄和监测以前无法拍摄的高处和危险区域，还可以将现场的图像进行直播，并从指挥中心等远程地点发出指令。

［10］图像和声音数字化的案例

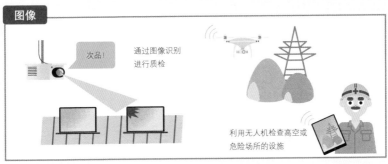

有形物体的数字化

3D 打印机、3D 扫描仪等三维数据处理技术正在吸引越来越多的关注。

这些新技术能够实现结构分析、模拟、制造和修复等，

在促进制造业创新方面有很大潜力。

◆ 3D 打印机的使用正在兴起

长期以来，3D 数据被广泛用于原型生产、结构模拟、质量检测和碰撞测试，但近年来，它正越来越多地被用于零件和最终产品的制造阶段。它已经被广泛用于汽车和飞机部件，甚至出现了使用 3D 打印机制造整个房屋的情况。

3D 打印在食品生产领域也吸引了人们的注意，正在进行的项目是利用 3D 食品打印机生产便于老年人咀嚼的食品，以及宇航员在太空中也能吃到的新鲜可口的食品。

支撑着日本制造业的金属模具行业也正在转向利用金属 3D 打印机。在医学领域，利用 3D 打印技术制造人造器官、假牙、人造胳膊和腿等也被寄予厚望。

3D 打印机使用的材料过去主要是聚酯等塑料基树脂，但最近橡胶、金属材料和陶瓷也被广泛使用，而且生产的物体的形状、弹性和强度的多样性也增加了。

◆迅速扩大的 3D 扫描仪的应用领域

3D 扫描仪是一种可以感知物体的凹凸不平并将其捕捉为三维数据的设备。它通过用激光照射物体或用传感器照射物体，获取三维坐标数据，

从而将物体的形状捕捉为数字数据。

　　3D 扫描仪在制造业中被用于设计、生产和质量检验等领域，例如，在施工前测量一个零件的尺寸是否合适，对没有设计图或 CAD 数据的产品和部件进行逆向工程（通过分析产品的结构以确定其制造方法、部件和操作）。

　　人体的三维数据也被用于在各个领域创造新的应用和商业模式，如体育事业（形态分析和判断）和服装业（测量和虚拟试衣）。

　　最近，高性能、低价格的 3D 激光扫描仪已经普及，不仅用于实验室和工厂的生产，也用于高速扫描大型建筑和广阔的空间范围，并将其记录为三维定位数据（点云）。在建筑和土木工程领域，3D 激光扫描仪被用于桥梁检测，如桥梁形变、隧道截面位移和形状的测量，以及日照和天空覆盖率的模拟计算。

［11］有形物体数字化的好处

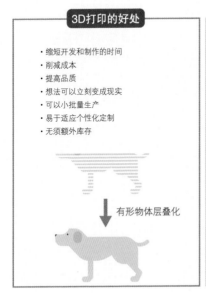

数字内容利用平台

每天都有大量的照片、音频和视频内容产生。
对能够把这些分散的数字内容的
聚集、存储、再利用、分配和供应的平台的需求正在增加，
还出现了以此为基础的各种服务。

◆数字内容存储和利用的平台

智能手机的广泛使用使用户能够轻松地创建照片和视频等内容，产生的数字数据超过了个人电脑和智能手机等本地设备所能存储的容量，而且这一数量每天都在增长。因此，将这些数据存储在云端的存储器中变得越来越普遍。将内容存储在云中，允许家人和朋友访问或远程查看，由此出现了一个新业务的平台。

一些平台只提供在线存储功能，用于存储和共享文件，而另一些则配备了分类、组织和搜索等功能。除了个性化服务外，还有面向企业的服务，具有管理和其他功能，套餐和价格也丰富多样。

除了一般的文档文件和图像数据外，一些面向商务的服务被设计用于特定的任务，如设计图、报价单和采购单、产品规格和程序手册，有些还提供与这些任务相关的功能。

◆数字内容再利用和流通的平台

还有一些旨在供大量用户观看和重新使用的内容平台，如照片和插图库以及视频和录像分享网站。还有一些参与性平台，如烹饪食谱网站

Cookpad 和视频分享服务 YouTube，普通消费者作为生产者在平台上传播各种信息。

一些插图、烹饪食谱和教育视频是有偿交易的。也有一些平台企业从事供应和分发这种具有增值内容的业务，而不是单纯地分享这些内容。

在某些情况下，也有数字业务运营商使用其他公司的内容平台作为自己系统的一部分的情况。例如，一个房产中介可以利用云端服务平台来存储、搜索及查看房产的平面图和照片。

此外，还有通过其他公司的网站和系统使用平台上的内容的情况。例如，许多公司将 YouTube 上的视频嵌入自己的网站。

[12] 数字内容利用平台的角色

存储

本地设备上生成和获得的内容放在云端存储

聚集和再利用

云端存储空间聚集的内容被多个用户共享和重复利用

传播·供应

内容传播和供应的平台有偿提供服务

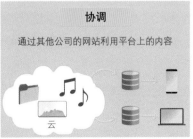

协调

通过其他公司的网站利用平台上的内容

经济价值的交换

无形价值的数字化包括"经济价值的交换"和"有偿提供增值数据"两种模式。首先来看"经济价值的虚拟交换"。

◆ 多样化的货币

在经济价值交换方面，如果虚拟货币和电子货币被视为几乎拥有与货币相同的价值而可以虚拟地进行交易的话，就为积分和里程等奖励和利益提供了一个虚拟的交换机制。

虚拟货币一般是指可流通和通用的电子支付手段，但也可能包括非通用物品，如游戏币、可兑换商品和服务的电子优惠券等。

在利用装载了 IC 卡和 IC 芯片的智能手机的电子货币市场，除了日本国有铁路公司和私营铁路等运输业，如大型连锁超市等销售业和移动电话电信运营商，提供设备和操作系统的谷歌和苹果也进入这一领域。大多数企业都旨在通过提供便利和忠诚度积分来提高顾客对其品牌的忠诚度。

长期以来，会员积分卡和飞行常客计划在百货公司、电子产品零售商、航空公司和加油站等行业的顾客吸引和保留战略中发挥了重要作用。近年来，一些购物网站、餐馆介绍网站和旅行社网站等基于网络的企业，以及由于管制放松而导致竞争激烈化的电力和天然气行业，为了鼓励顾客多多光顾，防止顾客流失，也都纷纷推出了会员制和积分制。毫不夸张地说，现在几乎所有经营 B2C 业务的行业都已进入电子货币市场。

◆加快无现金支付的普及

政府也在推动无现金支付的普及，日本现在有许多二维码支付服务。无现金支付方式主要有预付、后付和即时支付等。在二维码支付的市场，电信运营商等电信服务业、地方银行等金融业、便利店等销售业、电子商务和社交网络供应商等各方人马，在网络和实体运营中都在利用二维码支付，情况相当混乱。

采取无现金支付一方面是为了提高顾客购物的便利性，另一方面也是企业通过分析消费者购买数据来制订营销、产品开发和商店开业计划的一种方式。无现金支付成了一场地盘争夺战。在未来，提供忠诚度积分、飞行常客里程、电子货币和二维码支付的企业将继续争夺消费者的钱包，联盟和收购也将不断出现。

[13] 经济价值的交换

有偿提供增值数据

本企业数字化的数据对其他企业或其他行业的企业也很有价值。

这些数据不仅可以用来提高本企业的业务优势，

而且出售这些数据及其分析结果也在成为一种引人注目的商业模式。

◆ 开放数据的商业用途

有偿提供增值数据是出版社、报社和企业信息数据库供应商等行业一直使用的一种商业模式。区域气象信息和影响股票价格的企业信息，由于其稀缺性和高实用性，长期以来一直也是有偿提供的。最近，出现了一些企业，通过进行更先进的数据分析或结合多个数据集，提供新的增值模式。

政府也正在开放他们的数据，这些数据越来越多地被用于解决商业和社会性的问题。例如，有一个房地产物业信息网站的例子，该网站使用当地政府提供的公立小学和初中学区的公开数据，用户在搜索物业时可以指定这些数据作为标准。

开放数据原本是指对重复利用没有限制的免费数据，但它也可以通过对多种数据的组合和分析来增加价值，从而收取一定的费用。开放数据的例子除了有偿提供数据外，还包括汇总各领域的数据与分析和利用的工具相结合而提供综合服务。

◆ 数据本身创造价值

企业今后可能会更积极地向其他企业有偿提供内部存储或独立收集的

数据，或是在开展平台业务时利用存储在上面的数据为其他业务服务。对本企业没有用处的数据可能会对其商业伙伴或其他行业的企业非常有用，而这些企业愿意为此付费，这种情况也并不罕见。例如，汽车和电气设备等终端产品的制造商的生产计划数据，对零部件和材料供应商而言是了解制造需求的重要数据。按每星期的天数和时间段划分的火车和公共汽车的乘客数量数据，是铁路沿线商店确定其繁忙程度的重要数据。

　　介绍食谱的 Cookpad 网站积累了大量关于经常浏览的菜肴和关键词组合检索的数据。它把这些与"吃"相关的大数据的分析结果向食品制造商等有偿提供，推出了一项名为"吃吃看"的服务。这确实是一个将平台业务存储的数据用于其他业务的好例子。

［14］有偿提供增值数据

灵活运用开放数据的业务
通过把政府、自治团体、大学等机构的开放数据加以组合和分析提高其附加价值后有偿提供服务

政府机关·自治体

大学·研究机构

灵活运用平台数据
把平台上用户的活动（购买、利用、检索等）相关的数据变成对企业有利的信息

云

提供本企业存储的数据
公司自身的采购、生产、销售、运输等方面的数据对供应链的双方（上游和下游）都是有用的信息

收到的订单可能增加

零部件供应商

制造商的生产计划数据

制造商

精准调整下一期的销售计划

零售商

关注"关联"的七种数字化转型实践模式是什么?

数字时代的特点是把人与人、人与企业、企业与企业联系了起来。
通过连接，企业之间建立了生态系统，用户之间形成了用户社区。

◆以"关联"为重点的数字化转型是什么?

最近，出现了一些专注于人与人之间或企业与消费者之间联系的独特的信息中介生意。互联网和网站的本质就是信息的传输和接收，因此许多新出现的数字业务采取信息中介的模式是再自然不过的了。

大众消费的时代已经结束，消费趋势正在从在"物"和所有权中发现价值演变为价值转移到物之外的"事"。社交网络中用户面对"事"时更注重"体验"和"共情"，正是这一消费趋势的典型表现。

服务的关联性和横向发展有望通过对现有业务和操作的数字化，以及改善数据的可重复利用性和关联性来提高效率和便捷程度。

◆你应该知道的七种实践模式

注重"关联"的创新有以下七种模式，包括服务关联和横向发展以及信息中介业务。

（1）按需服务：将传统的纸质、手工或邮寄业务转换为在线服务，在需要时提供所需的数量，以提高便利性。

（2）优势业务服务化：将企业内部的后勤和运营相关的优势业务转化为有偿服务。

（3）API 经济：API 发布者向开发者提供内容和服务，这些内容和服务可用于创造新的服务并提高附加值，从而提高发布者的价值。

（4）聚合服务：来自多个网站的内容可以从一个门户网站上查看。例如，账户聚合就是把用户在不同金融机构的账户关联起来，提供资产管理和家庭账户簿记服务。

（5）匹配经济：把服务提供者和服务使用者联系起来。

（6）共享经济：共享有形和无形的物品或权利，如服务、人力资源和产品，并在需要时加以利用，如优步、爱彼迎。

（7）策展人的选择：无法从非常广泛的范围内进行选择的用户可以购买和使用由专业人士挑选的物品。

［15］关注"关联"的七种数字化转型实践模式

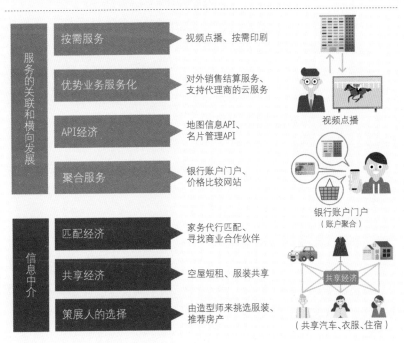

按需服务

在注重"关联"的数字化转型实践模式中，属于服务关联和横向发展的有"按需服务""优势业务服务化""API 经济"和"聚合服务"四种实践模式。

◆ 在必要时得到必要的服务

按需服务是指那些一直基于纸张、手工或邮寄的服务在线化，提高利用的便捷性。

"按需"（on demand）一词的意思是"按照需求"，按需服务就是你想看喜欢的视频时就可以观看，或在打印时只列印你需要的部分。

经营票务的 PIA 公司最初是一家出版公司，在名为《月刊 PIA》的杂志上提供活动和电影信息，但后来通过推出 Ticket PIA，提供在商店打印和销售门票而进入票务领域。在票房经营者向剧院指南分发纸质门票的时代，存在着各售票点的门票售罄或未售出的问题。PIA 将其转变为按需购票模式，信息集中在总部的数据库中，可以在 Ticket PIA 和商店打印、订购门票。这意味着用户不再需要去售票处到处寻找空位。

根据收到的订单来进货和制造的按需商业，以及根据提前预订确定路线和时间表的按需巴士等，也在引起人们的注意。

◆ 定制化时代的最佳商业模式

按需服务最大的优势是，不仅用户在需要时可以获得他们需要的服务，而且对供应商来说也有好处。例如，在按需印刷时可以按订单印刷少量的副本，还可以替换内容。因此按需服务不需要持有大量存货，也减少了存储空间。按需公交车在没有顾客要求的情况下不需要运行，可以避免公交车空驶的浪费现象。

按需服务还可以根据用户的个人要求定制产品和服务。例如，讲谈社为那些看学术丛书中的小字困难的读者专门开发了一个"大字版按需打印"网站，读者可以在上面选择想读的书将版面放大后印刷和装订，制好的书会以邮寄的方式送到顾客手上。按需交通则可以为顾客提供门到门的运送服务。

按需服务正是为了应对从大规模生产和大规模消费时代向大规模定制时代转变的一种商业模式。

[16] 提供按需服务

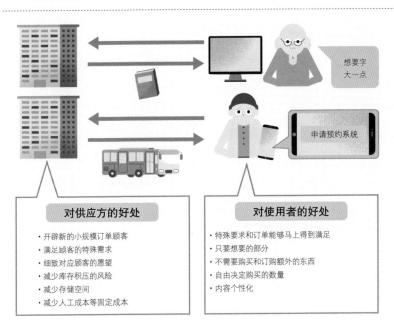

SECTION 17：关联型 DX 实践模式②

优势业务服务化

有一种趋势是将企业为了内部运作和业务而开发的系统或是专有技术转化为有偿提供的服务。

这种类型的业务发展使一般企业成为云服务供应商或外包服务商，或成为独立的企业。

◆将内部使用的系统业务化

食品巨头日清食品控股与东日本铁路公司合作开发了一项利用 Suica IC 卡乘车数据的费用报销服务，并把该项服务作为一项新业务向其他企业出售。该系统从 Suica 用户乘车记录的数据库中提取有关使用日期、路线和金额的数据，并对这些数据进行处理，使之与 EX 公司卡的数据没有重复。

最初，该系统是日清食品独有的，但因为这项服务可以通过定制为其他企业所利用，所以东日本铁路公司决定推出全面的服务。一些企业已经决定购买这个系统。

亚马逊的云服务 AWS（Amazon Web Services）最初是作为内部系统基础设施建立的，用于处理其购物网站上的大量交易。通用电气公司的工业软件平台 Pridex，是将通用电气原来在工业机械、医疗设备和飞机制造等项目中各自与物联网相关的数据进行管理和分析的服务，通过云技术转换为新业务向其他企业出售。

◆开放和关闭战略

像亚马逊和通用电气那样，将企业的专有技术和科技分成核心和非核心部分，并对前者进行保密（关闭），而将后者提供给他人（开放），这种方法被称为"开放和关闭战略"，吸引了很多人的注意。

随着数字化转型在许多企业的推广，原本作为各企业的管理资产的数据和软件等成了"数字资产"。多年来一直从事传统业务的企业通过利用专利和版权获得利润，但是对于新创建的数据和软件，往往没有完善的机制来使其赢利。

一直以来，供企业内部使用而开发的系统只能用于本企业内部使用是个常识。但在未来，企业应该看到的是有必要对企业内部资源进行区分，作为差异化和优势来源的部分要保密，非差异化的部分可以商业化。这样可以创造新的平台业务，也可以抓住构建与其他企业共生的生态系统的商机。

[17] 通用电气的开放战略

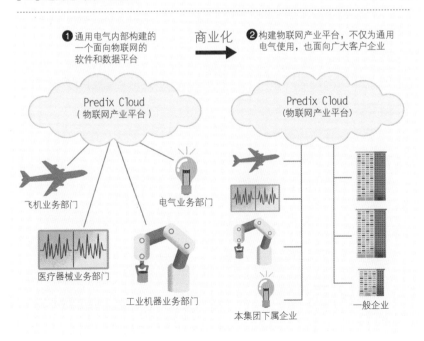

❶ 通用电气内部构建的一个面向物联网的软件和数据平台

商业化

❷ 构建物联网产业平台，不仅为通用电气使用，也面向广大客户企业

Predix Cloud
（物联网产业平台）

飞机业务部门

电气业务部门

医疗器械业务部门

工业机器业务部门

Predix Cloud
（物联网产业平台）

本集团下属企业

一般企业

API 经济

通过本企业系统的 API 与其他企业合作可以提高业务的附加价值。
此外，政府和私营公司公开其系统和数据库的 API 成为新趋势，
这也催生了许多利用这些系统和数据库的新业务。

◆ API 在多个领域得到公开

API（应用程序接口）经济是指通过公开企业的应用和服务的 API 并允许其他企业使用这些 API 开发和提供新的服务，从而增加原始服务或信息的附加值的经济活动，也指由这种活动形成的商业领域。

API 的概念本身并不新。API 是从其他程序中访问和调用软件功能的方式。它本身是企业内部系统开发中普遍使用的方法。

它之所以再次引起关注，是因为开放 API 正在成为一种趋势。不仅乐天、Hatena、Guru Navi 和 Mapion 等网络服务提供商，公共机构、地方政府和私营公司也纷纷公开 API。

许多 API 可供一般企业使用，如天气、灾害、交通、地图、邮编和新闻等信息内容，以及认证、即时通信、日历、文本分析和支付等服务。通过开放 API，这些功能可以被纳入一般企业自己的系统和网站，而不必从头开始开发。

◆利用 API 创建一个生态系统

美国大型连锁药店沃尔格林在 8000 家商店经营照片打印服务。该公司已经开放了其 API，以便开发者可以在其应用程序中加入在沃尔格林商

店打印的功能。鼓励开发者使用 API 的好处是，企业和开发者都能从分享销售中获益。当消费者使用开发者开发的应用程序进行打印时，沃尔格林能获得 15% 的销售收入。沃尔格林希望通过开放 API，增加照片打印的销售额和光顾其商店的顾客数量。

　　API 经济的商业模式非常多样化，但大致可分为以下三类：直接收费、收入分享和补充服务。

[18] API 经济的三种类型

❶直接收费

①发布者向开发者提供内容或者服务 → ②收取费用 如地图网站

❷收入分享

①发布者向开发者提供内容或服务 → ②通过开发者开发的服务聚集用户 →
③广告收入或销售额增加 → ④广告或销售的收益与开发者分享 如沃尔格林

❸补充服务

①发布者向开发者提供开发和创造的环境 → ②开发者研发有吸引力的内容或服务 →
③发布者的服务或品牌价值得到提升 → ④收益增加 如 API 联动邮递服务

聚合服务

聚合服务是将由多个企业提供的服务

或分散在不同的地方的数据整合起来作为一项服务来提供。

价格比较网站和资产管理应用程序都属于这种模式。

◆将散落在互联网上的信息聚合起来

"聚合"（aggregation）的意思是"集中起来"。聚合服务是指通过从多个公司系统和网站收集数据和内容，使其能够集中查看并相互配合使用，从而提高便利性的服务。

互联网上有许多企业提供类似的产品和服务。逐一地查看他们的信息，需要花费很多精力。聚合服务的作用就是把这些信息收集在一个网站上，提供总览和搜索、比较价格和产品规格等，从而帮助顾客选择产品和服务。

例如，酒店和旅游业的预订出行、房地产信息、产品价格信息等都可以聚集起来并允许顾客比较和选择产品和服务。该服务还可以根据用户选择的服务和检索记录等识别他们的偏好，自动收集和推送符合他们偏好的新闻和博客文章。

通过将不同金融机构的账户聚合在一起提供资产管理和家用记账服务的 Money Forward 就是所谓账户聚合的商业模式，是聚合服务的一个典型例子。Money Forward 不仅将日常收入和支出趋势可视化，还提供家庭财务和资产的分析和报告，按月付费，使用起来十分方便。

◆需要建立吸引信息来源的机制

聚合服务的发展需要信息源的合作。例如，价格比较网站 Price.com 不可能收集所有产品的价格信息。它上面有超过 100 万种商品，都是由该商品的销售店员或产品的制造商在上面发布的价格信息。网站根据点击量和销售业绩向商店经营者收取佣金。

换句话说，对商店经营者来说，这种方式的好处是可以直接吸引有很强购买意愿并对价格敏感的消费者，这也是一种重要的广告和促销手段。

领先的聚合服务可以吸引大量的用户，这对信息源而言也有很大的价值，因为这也是招揽顾客、了解顾客诉求的一个重要渠道。

[19] 聚合服务的例子

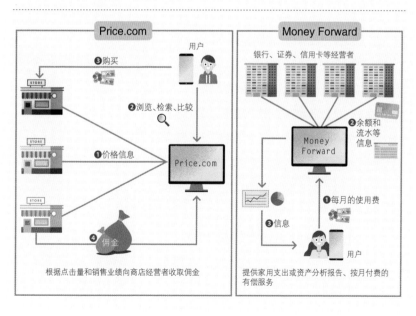

匹配经济

在关注"关联"的数字化转型实践模式中，

属于信息中介的有"匹配经济""共享经济"和"策展人的选择"三种模式。

◆数字化增加了相遇的价值

最近，出现了一些独特的信息中介商业模式，这些模式主要关注人与人之间，或者企业与消费者之间的联系。

匹配经济将服务提供商和用户联系起来，可以采取企业对企业（B2B）、企业对消费者（B2C）和消费者对消费者（C2C）的形式。他们协调需求和供应双方，介绍交易和销售。一般来说，它有时被归为共享经济，因为匹配的结果是物的借贷。但在这里，如果不存在资产共享（借出、借入、转让或接收），我们将其归类为匹配经济。

日本的服务业有一项叫作 Anytimes（中介业务），人们可以通过它轻松地在互联网上请求邻居帮助解决各种家庭问题，从家务劳动到宠物护理、清洁、烹饪和家具组装。这里，因为人们的服务（工作时间）是共享的，所以拥有一定共享经济的成分。街头学院将想要学习的人与想要传授各领域知识和技能的人联系起来，提供如语言和各种资格证书的培训、体育和烹饪领域的知识和技能等。

◆将消费者相互联系起来也是一项业务

匹配经济本身在过去就存在，如职业介绍所和婚介机构，但数字化改善了搜索和浏览的便利性，提供了新的顾客价值。除了推荐佣金还有注册费和广告费，可以说是一个改变了收入来源和商业模式的例子。进一步讲，可以说像 Anytimes 那样，在以前不存在的领域实现匹配的商业模式创造了商业本身。

传统的房地产经纪和职业介绍服务的提供者也在利用互联网，使他们的服务更容易搜索和比较，并通过视频内容加强指导。然而，消费者能够轻松地相互联系，例如，通过社交网络服务的传播，创造了一个 C2C 的匹配经济市场，消费者越来越多地站在服务提供者一边。换言之，对于公司来说，消费者不仅是"顾客"，他们也可以是竞争对手。

[20] 匹配经济

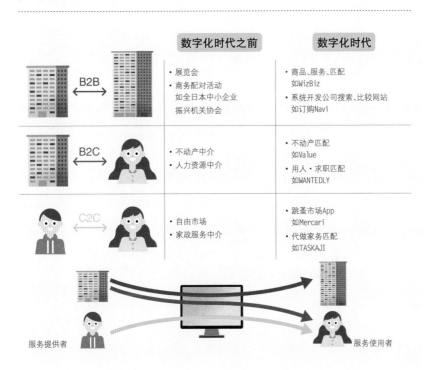

共享经济

共享经济是指共享有形和无形的商品和权利，

使它们在需要的时候提供给需要的人，

通常以消费者之间的 C2C 的方式进行。

◆共享经济正在日本兴起

共享经济的例子包括优步和 Lyft 等共享出行服务（一般是司机利用私家车来接送乘客的收费服务）、民宿服务爱彼迎、出租压箱底的衣服的 Style Lend 和共享游船的 Boatbound 等。在日本，有出租闲置时间的停车位的服务 Akippa 和 Nokisaki Parking、共享会议室和活动场所的 Space Market 等，这些服务多是场地共享，反映了日本国土狭小的特点。例如，商店和餐馆的停车场在营业日可能是被充分使用的，但在店铺的休息日时就成了闲置设施。它们可以在所有者方便的时候被出租，这也是共享经济的魅力。

并非所有出现的新共享经济企业都会成功。最适合共享经济企业的是持有成本高而所有者的占用率和使用频率低的情况。预计这一领域的市场在未来将进一步增长。

◆将共享经济纳入公司业务

共享经济的兴起通常被视为对现有企业的威胁，但企业可以从是否也能利用共享经济的角度审视自己的业务。例如，我们真的需要拥有自己的设施和设备吗？我们是否可以从外部来源采购诸如顾客服务、交付、设计和翻译等人力服务？考虑这些问题对企业是有益的。而众包，即将本来由员工履行的职能通过公开招聘外包给非特定的大众，也是一种以服务形式存在的无形价值的共享经济。

此外，本企业也有可能成为一个共享经济的运营商。以下是一些思考的角度：在不出售本企业的产品和服务的情况下，是否可以在有需求时将它们共享？或者，公司能否通过向其他企业和消费者提供自己的设施、设备和核心业务的外围服务（物流、安装、维护等）等来创造新的收入来源？从这些角度审视自己公司的业务和运营很重要。

此外，通过在核心业务的外围领域发展共享经济可以产生新的需求，并促进现有企业的扩张。

[21] 适合共享经济的领域

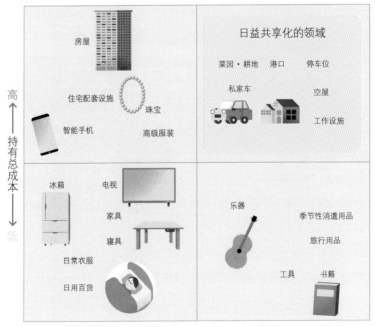

高← 持有总成本 →低

房屋

住宅配套设施

珠宝

智能手机

高级服装

日益共享化的领域

菜园·耕地　港口　停车位

私家车　空屋

工作设施

冰箱　电视

家具

寝具

日常衣服

日用百货

乐器

季节性消遣用品

旅行用品

工具　书籍

高← 所有者的使用率（使用频率）→低

策展人的选择

策展人的选择是根据专业人士的选择来订购和使用物品的服务。
在顾客需求多样化和选择范围广泛的背景下，它正在引起关注。

◆在信息泛滥的世界中需要"鉴赏力"

在互联网的世界里，收集网站上的信息、对其进行总结、将其连接起来赋予其新的价值的活动被称为"策展"（curation）。这个词据说来自艺术馆、博物馆或图书馆中的"策展人"（curator）。

要从互联网上泛滥的信息中整理出可靠的信息、首选的产品以及适合自己生活方式的服务和菜单并不容易。由此衍生出一系列的服务，诸如总结推特推文的 Togetter 和由搜索服务 NAVER 提供的 NAVER 摘要等。这些服务使用户能够从互联网上的信息洪流中选择和接收信息。

此外，面对网上商店陈列的大量商品，仅凭自己的知识难以选择的情况也很普遍。在这种情况下，出现了专业人士帮忙做出选择的服务，具有慧眼的书店工作人员可以推荐书籍，造型师可以按月向你出租搭配好的衣服等。例如，在 airCloset 上，顾客注册自己的喜好和尺寸，只要支付固定的月费，都会收到由专业造型师挑选的衣服，并且可以无限次交换，还可以选择买回喜欢的衣服。

◆结合其他实践模式展开策展的例子

将"策展人的选择"与"按需服务"相结合的商业模式也是可能的。服装制造商 Renown 提供一种"轻松穿"的按月付费服务，将搭配好的西装、衬衫和领带按衣物更换的时节每半年交付一次，然后将使用过的套装进行清洗和储存，并在第二年再次交付。

　　将"策展人的选择"与"聚合服务"相结合的商业模式也是可能的。NewsPicks 专门发布来自 90 多家国内和国际媒体的经济新闻，并提供新闻聚合服务，使读者在阅读新闻的同时，还可以看到各行业名人和专家的评论。用户可以通过设置感兴趣的"公司名称"或"行业"等关键词，或通过关注特定用户创建符合自己兴趣的新闻。

[22] "策展人的选择"相关案例

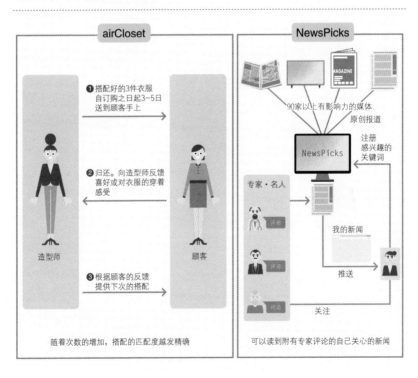

数字化转型实践的关键点是什么？

1 确定"在哪些领域实施数字化转型？"

数字化转型的目的不是引进先进技术，而是改造业务和运营。因此，第一步是明确要改造的企业或业务的具体方向，以及如何改造。根据"提供的价值"和"企业／顾客群体"，目标领域可分为四大类。

2 应对数字化的"四种潮流"

值得关注的数字化趋势是：社会和产业的数字化，顾客关系的数字化，组织运作和工作方式的数字化，以及针对数字化的商业创造。

这是四个方向。为了应对每一个问题并确保企业的发展，需要在四个方面做出回应，包括"业务转型"和"顾客融入"。

社会、产业的数字化 → **业务转型**
与业务直接相关的特定行业和业务的信息技术

组织运作、工作方式的数字化 → **未来工作**
用信息技术开辟未来的工作方式

顾客关系的数字化 → **顾客融入**
营销与信息技术的融合

创造适应数字化的新商业 → **数字化经济**
灵活运用数字化创造新的商业模式

第二部分介绍了企业应如何实施数字化转型的具体要点，以应对不断变化的时代并确保其发展。主要内容总结如下。

3　数字化转型的实践模式主要分为两种

数字化的实践模式按关注点不同可以分类"数据型"和"关联型"两大类。前者是通过物联网、3D 打印等数字化技术的发展，利用可能的数据进行变革的方法，后者是企业通过社交网络等将人与服务项关联进行变革的方法。

❶关注"数据"的模式

❷关注"关联"的模式

4　需要知道的 14 种实践启示

当谈到数字化转型的实践时，可能会出现不知从何开始的情况。本书介绍的模式可以作为一些启示。在关注"数据"和关注"关联"的两种模式下，各有 7 种方法。将这 14 种方法组合起来可以有更多的选择。

❶关注"数据"的7种数字化转型实践模式
物的数据、人的数据、图像和声音的数字化、有形物体的数字化、数字化内容利用平台、经济价值的交换、有偿提供增值数据

❷关注"关联"的7种数字化转型实践模式
按需服务、优势业务服务化、API经济、聚合服务、匹配经济、共享经济、策展人的选择

视频文件的储存、共享

美食菜谱网站

共享经济

超越"改善"和"扩张"，
获得"零想法"

　　有一次，我在德国乘坐地铁时，惊讶地发现这里没有检票口。有售票机，但没有检票口，人们可以直接到站台。我听说有时巡逻人员会来对没有票的人进行罚款。我猜他们权衡了安装和维护昂贵的检票机的成本与逃票导致的金钱损失的风险，并选择了后者，结果为用户提供了更愉快的体验。如果我们一味地试图提高检票机的性能，这个想法是不可能的。

　　在数字世界中，企业需要把用户放在中心位置，并专注于完善用户体验。尽管许多传统企业也一直在把"顾客至上"作为关键战略，但把它作为口号提出来，与从用户体验出发、从头开始构思产品和服务是有根本区别的。

　　以零售店中的无人收银机和无收银员商店的做法为例。在日本，超市和便利店已经有很多示范，自助收银机也变得越来越普遍。日本的许多此类举措是解决零售业劳动力短缺问题的一种手段，旨在节省劳动力。而亚马逊在美国的无收银员商店 Amazon GO 的重点是如何简化顾客的购物体验，从进入商店到选择产品和付款，令顾客的购物体验简单而舒适。两者的出发点从根本上讲是不同的。

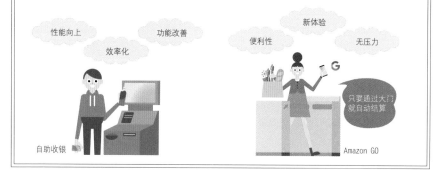

PART

3

数字化转型需要怎样的企业内部改革？

数字化转型环境完善必不可少的五项企业内部改革

当下具有完善的有利于促进数字化转型环境的企业并不多。

在推进数字化转型实践的同时，

企业内部也要果断地进行改革，创造完备的环境。

◆ 数字化转型所需的内部企业转型

数字化转型所需的内部变化是广泛的。传统的大企业有长期的企业文化和成功的商业经验，要变革的话需要做大量的工作。

抑制变革的因素有很多，如传统的价值观及其差异，长期以来通用的经验常识，以及对现有资产和流程的承诺等。

促进数字化转型所需的内部企业转型有五个方面：意识、组织、制度、权限和人力资源。这五个方面都需要大量的努力，而且是相互关联的，所以只改善其中一个方面是不够的。此外，它们在本质上不是"加法"，而是"乘法"，所以如果缺少任何一点，一切都会变成零。

例如，即使企业对改革的必要性有强烈的意识，如果没有正确的组织结构和人力资源，也将无法取得任何实际进展。即使企业建立了一个强大的组织，并从外部吸引优秀人才，但如果他们没有相应的权限和组织形式，也很难在促进数字化转型方面发挥积极作用。

◆ 率先推广者要有成为先驱者的准备

实施各种变革，建立数字化转型推广组织形式和环境并不是一件容易的事。因此，第一批推动者必须在准备成为实施具体数字化转型的先驱者的同时，完善所需的环境。

　　在这里列出的五个转型中，组织、制度和权限是公司的框架，需要自上而下进行改革，但如果管理层了解这些情况并遵循一定的程序，一天之内作出改变也是可能的。

　　另外，要提高所有员工的意识、保证和培训人力资源，需要时间和努力，但有些活动可以由个人在自下而上的基础上进行。首先从个人或小规模的组织开始向前迈出一步，然后通过一系列稳定的活动扩大和升华为全公司范围的倡议。通过增加理解并愿意协助的人数，改善在组织、组织形式和权限等方面的环境，来支持个人活动的螺旋式发展。这是一个漫长的旅程。

[01] **数字化转型需要的五项改革**

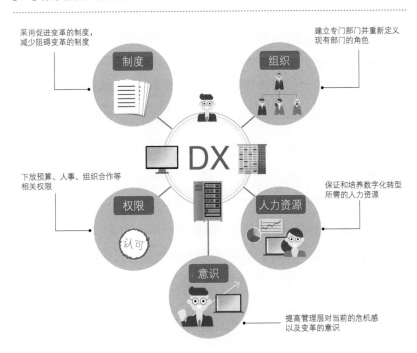

意识改革：是第一步，也是一切的基础

促进数字化转型所需的企业内部变革是多样的，

但首先需要的是管理层和业务部门的危机感和变革意识，

因为这是构成公司整体变革态度的基础。

◆ 改变对数字化转型重要性的意识

"管理层不熟悉数字技术和信息技术，不了解数字化转型的重要性。""业务部门不愿意改变他们一直以来的做事方式，不愿意接受数字化转型。""IT 部门忙于当前系统的维护和运作，没有时间去做数字化转型的工作。"这些都是经常听到的对数字化转型的意识的一些抱怨。

有一家公司，在总裁的倡议下成立了一个数字化转型推广组织，由几个精英成员专门负责这项工作，但数字化转型的重要性在企业内部并不为人所知，该组织一直孤军奋战。而且这个推广组织没有得到任何特别的预算或权限，必须按照现有的内部规则运作。各业务部门也不理解数字化转型的必要性或推广组织的活动，不是他们太忙而无法合作，就是他们没有余力参与。

◆ 克服意识上的差异

不同的行业和企业对数字化转型有不同的态度：即使在一个企业内部，不同的部门和职位之间也有意识上的差异。有些人是创新的，而有些人是保守的，这取决于他们的工作态度、对企业的归属感、专业知识和价值观。也确实有一些人认为，"我们所属的行业离数字化还很远"，或者"我们过去已经很成功了，我们现在这样就可以了"。

有些情况下，首先对数字化转型采取行动的是管理层，也有些是业务第一线的销售或业务部门的中层管理人员。还有一些情况是由了解技术情况的 IT 部门发起。在推进数字化转型时，"有些公司成立了数字化转型促进小组让业务部门参与进来，但业务部门以目前的业务和运营优先，合作不到位"，"有些公司听取了各方意见以了解问题和需求，但由于当事人员并没有相关的意识，所以没有任何结果"，这些情况随处可见。这是因为还没有意识到企业内部变革的重要性。为了克服这种情况，需要在企业内部开展信息传播和提高意识的活动。

如果没有人带着高度的意识走出第一步，一切都无法开始。之后，随着具体经验和成果的积累，公司上下得到启发，推广的圈子逐渐扩大，带来公司内部全体意识的改变。最终的目标和状态是，数字化转型渗透到企业文化中，每个人不需要刻意去想就把它作为日常工作的一部分。

［02］数字化转型意识的改革的重要性

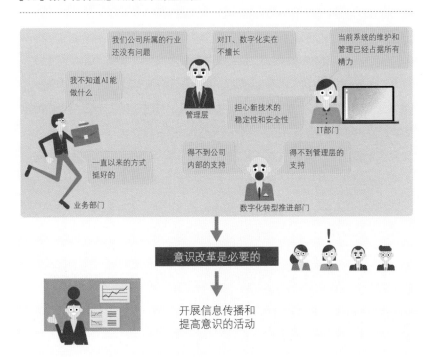

在企业内部发起意识变革的三种方式

有三种具体措施可以用来提高对变革的认识并在整个企业传播：
启发式方法、参与式方法和对话式方法。

◆ 启发式方法

启发式方法包括举办企业内部研讨会，通过内部网和社交媒体传播信息，举办先进事例学习会，以及通过 IT 企业举办技术演示会等。对于管理层来说，在项目启动发布消息时向企业内外宣传数字化转型，并采取积极行动也是一种非常有效的方法。

管理层和业务部门的工作人员并不总是每天都密切关注技术趋势和先进的案例研究，可能并不总是能够直观地看到人工智能和物联网能够实现什么。而一线员工可能不会质疑企业的经营方式或运作方式，也可能看不到改变的必要性。还有些人可能展望未来，认识到管理和商业方面的挑战，或是对他们所追求的未来有一个愿景，但可能没有意识到数字技术作为实现手段的潜力。针对这些情况，启发式方法可以刺激企业内部各部门人员对数字技术使用的认识。

◆ 参与式方法

这一方法的目的是为人们创造机会，通过内部创意征集和工作坊，邀请人们广泛参与，把数字化转型当作自己的事。尽管业务部门对数字技术的使用很感兴趣，并对如何利用数字技术解决该领域的问题有想法，但有时这些想法会被日常运营和短期盈利的考虑所掩盖。参与式方法则提供了可以发现这种潜在的需求的机会。工作坊等参与式方法，通常用于教育培训和提高对公司业务的认识，但从中也可以发现实际数字化应用中的好点子。某企业面向年轻员工举办了工作坊，邀请他们为现有产品的商业应用出谋划策，其中产生的好想法则可以向业务部门提出。

◆ 对话式方法

除了建立数字技术使用相关的内部咨询服务等正式措施，还可以考虑把日常对话纳入增强意识的方法中来。这是因为解决那些无人可以咨询的问题也很重要。一家公司报告说，在宣布建立内部咨询服务后，便开始收到许多以前被埋没在业务部门内的想法和一直保留在个人头脑中的想法。

[03] **意识改革的三种方法**

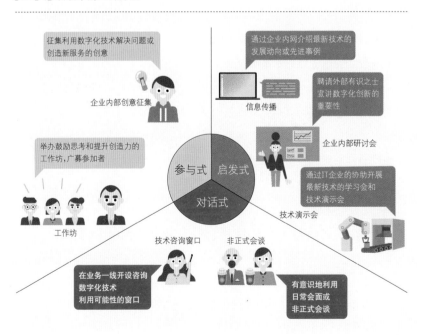

SECTION 04：

组织变革：为在整个企业推广数字化转型建立基础

为了将数字化转型付诸实践，有必要建立相应的组织来促进这一点。
这一组织形式也是发展数字化转型推广环境、
改革公司内部各种制度和流程的重要因素。

◆促进数字化转型的组织形式

推广数字化转型的组织形式主要有三种。一种是由 IT 专家组成的 IT 部门，扩大其职能、负责数字化转型的推广工作。由于数字化转型发生在业务的第一线，由业务部门领导、IT 部门支持也是一种形式。

第三种是成立一个专门的组织来推广数字化转型。这类似于过去随着互联网的普及电子商务备受瞩目时采取的方法，当时银行和零售部门都建立了电子商务促进办公室等组织。

这些组织形式本身无高下之分，要根据信息技术与企业的相关性和行业类型选择最合适的方式。然而，由于各种理由而造成推广活动停滞不前的情况也很多。例如，由企业内部各部门的精英成员组成了工作组，但他们还要兼顾本职工作而忙不过来，或是工作组没有得到授权或没有得到现有业务部门的合作，等等。

◆明确数字化转型组织的作用，并在企业内部予以宣传

现在越来越多的企业成立了促进数字化转型的组织，但在某些情况下，他们最初是在有时间限制的工作组中工作，并没有专门从事这项工作。这种情况下即使取得小范围的成功，他们也可以把它作为一个垫脚

石，迈出下一步。

　　然而，一个兼职的工作组很难持续产生结果。如果没有一个正式的组织，很难让其他部门参与进来，也很难自由利用内部资源。要度过初始阶段，重要的是要有专门的工作人员和明确的任务和目标。建立一个组织，明确角色，然后让整个企业都知道这些，也是很有用的。

　　有一家企业宣布成立数字化转型推广组织时，没有明确界定其作用和使命，结果该组织收到许多与数字化或创新没有直接关系的咨询，像个咨询中心一样。因此，建立一个组织时，明确说明其目标、愿景和管辖领域是非常重要的。

　　而且，仅由一个特定的组织参与数字化转型是不够的，整个公司都必须把促进数字化转型作为理所当然的事情，并致力于促进与现有组织的协作和合作。

[04] **具有代表性的组织形式改革模式**

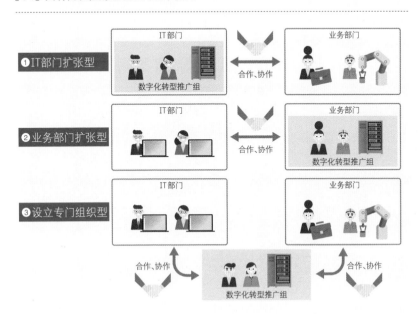

为了推进数字化转型而改进企业组织结构

正如"组织是有生命的"这一说法所示，

随着商业环境的变化或企业数字化转型操作的熟练化，

组织的角色和形态也应该随之发生改变。

◆数字化转型推广组织的演变步骤

最近，为促进数字化转型而设立的专门组织的数量有所增加，但这些组织的发展也有一定的步骤。

首先，如果在任何地方都没有设立数字化转型促进组织，那么各业务部门就会个别地开始数字化转型的运作。这种情况无法期待相互协作和协同效应，而且不同部门各自处理着相同的事情，就会出现重复投资和重复相同的错误等问题。

有一家企业，为了建立试行数字化转型的系统，每个业务部门都分别签署了不同的云服务，甚至不知道整个企业一共签了多少合同。如此一来，要使用的技术和要合作的供应商变得各不相同，知识和技能无法共享，导致资源浪费和问题频发。

为了解决这些问题，有必要建立一个跨部门的数字化转型促进组织，以整合人力资源和知识。然后，推广组织将业务部门单独进行的一些数字化转型项目接管和收尾，并与业务部门合作，或由推广组织牵头执行。通过这种方式，推广组织可以继续积极主动地推广或支持数字化转型。

◆从数字化转型推广组织到业务单位和全公司的发展

随着数字化转型计划越来越活跃，接近一线业务部门的数字化转型项目也越来越多。根据项目的不同，很多情况下，由业务部门主动推动数字化转型项目会更快捷。在这种情况下，最好将数字化转型项目的推广工作转移到业务部门一方，由跨部门的数字化转型推广组织重点为业务单位提供后勤支持和环境维护。

如果最终目的是自然而然就能实现数字化转型在全公司范围内的日常推广，那么每个业务部门内的推广团队将组织本单位的活动，并实施项目管理。另外，跨部门的数字化转型推广组织将发挥能力中心的作用，从全公司的角度积累知识，并根据需要提供技术和专业支持。

[05] 为了推广数字化转型的组织改革

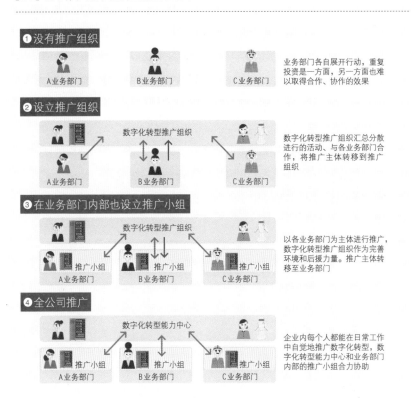

❶ 没有推广组织

A业务部门　　B业务部门　　C业务部门

业务部门各自展开行动，重复投资是一方面，另一方面也难以取得合作、协作的效果

❷ 设立推广组织

数字化转型推广组织

A业务部门　　B业务部门　　C业务部门

数字化转型推广组织汇总分散进行的活动、与各业务部门合作，将推广主体转移到推广组织

❸ 在业务部门内部也设立推广小组

数字化转型推广组织

推广小组　　推广小组　　推广小组
A业务部门　　B业务部门　　C业务部门

以各业务部门为主体进行推广，数字化转型推广组织作为完善环境和后援力量。推广主体转移至业务部门

❹ 全公司推广

数字化转型能力中心

推广小组　　推广小组　　推广小组
A业务部门　　B业务部门　　C业务部门

企业内每个人都能在日常工作中自觉地推广数字化转型，数字化转型能力中心和业务部门内部的推广小组合力协助

制度改革：去除阻碍数字化转型的壁垒

企业中有各种内部规定和制度。

这些规章制度的建立是为了高效地管理企业，促进常规业务，

但它们在促进数字化转型方面并不总是有效的。

◆ 建立新系统来促进数字化转型

"想推广数字化转型，但是没有相应的促进和支持的制度"，"想推广数字化转型，但是依从现有的制度手续烦琐，很难有所进展"。

像这种认识到变革的重要性的个人或数字化转型推广组织想开展活动时，往往遇到企业内部制度的阻碍。经营具有一定规模的企业需要一定的制度，但是当企业想有大的变动时，制度却没有改变，有些还变得更加僵硬，这可以说是本末倒置。

面向数字化转型的制度改革主要有两个方向：一个方向是引进使数字化转型变得容易的新制度。下文的内部孵化系统就是这样一个例子。从企业内部广泛收集人力资源、想法的内部公募和提案制度可能是有效的。还有一些新建人事制度的例子，如引进人工智能方面专家的制度，优待专家以防止企业内部专业人员外流的制度，以及激励人员接受挑战的奖励制度等。

◆ 放宽现有制度，消除不利因素

另一个方向是废除或放宽一些可能阻碍数字化转型推广的内部规则和制度。特别是对于大企业来说，应该优先审查现有的制度，朝着放宽制度

的方向发展，而不是盲目地引进新制度。

　　为了促进推广数字化转型的活动，重新考虑敢于挑战的人事评估制度和个人业绩及目标评判的方法是有效的；为了促进与外部研究机构和风险公司的合作，修改交易规则或采购规则等也是必要的。此外，还有一些制度可以有效地放宽，如允许副业／兼职和居家办公等。

　　由于个人和部门主管可自行决定开展的活动有一定限制，如果要扩大和确定数字化转型活动的范围，就必须修改或放宽现有制度。此外，即使一套完备的制度，商业环境的变化也会破坏它的有效性，所以最好是持续地修改和灵活地管理它，而不是把它视为固定不变的。

［06］面向数字化转型的制度改革

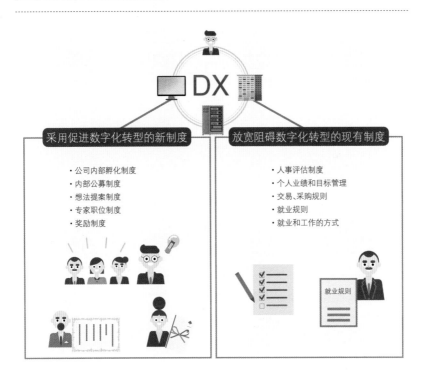

SECTION 07：

什么是激活数字化转型的"孵化制度"？

Incubation 的意思是"孵化"。

要促进数字化转型的发展，

不仅需要创造出"想法之卵"，还需要"培养"它的机制和技巧。

◆内部孵化的必要性

　　一些大企业长期以来一直有以创新为目的的内部孵化制度，但最近一些企业对利用数字技术创造新业务和新服务的内部孵化制度重新产生了兴趣。换句话说，这些企业正在寻找刺激数字化转型迈出第一步的方法。

　　"孵化"指的是培养企业家和支持新企业的机制。当企业，尤其是大企业，而不是个人或初创企业，试图创建新业务或开发新领域时，不仅需要启动它们，还需要计划、规划、支持和促进它们，换句话说，需要有机制和技巧来"培养"它们。出于这个原因，企业再次认识到内部孵化的重要性。

◆在数字化转型推广的每个阶段都需要进行孵化

　　孵化的具体内容包括资金、制度、硬件和软件支持，如图解 07 所示，在企业成长过程的每个阶段（准备、商业化和运营）要考虑各种措施。不少企业已经实施了内部风险支持制度或内部征集商业想法的制度。在许多情况下，对产生想法的准备阶段的支持尤为重要。

　　此外，与资金和硬件支持相比，日本国内的企业在提供各种类型的知识和介绍合作伙伴和客户方面的支持还不够。

在推广数字化转型时，首先要确认企业有哪些既存的内部孵化机制，哪些可以利用。如果没有这样的系统，就要自发提出来，完善相关的环境。应该指出的是，一个企业拥有完美的环境是相当罕见的，所以需要有开拓精神。

[07] 通过孵化制度激活数字化转型

支持的种类		准备阶段	商业化阶段	运营阶段
	资金	风险投资制度		
		• 创意活动或商业化检验的资金	• 概念验证 试运行或商业化的系统建设资金	• 收益稳定化之前的运营投入
	制度	企业内部风险支持制度		
		• 创意公募制度 • 结成审核小组 • 时间管理支持	• 资金、硬件、软件支持的行事准则与审核制度 • 独立经营制度	• 奖励制度 • 收益分配规则
	硬件		提供办公室等设施	
		• 为创意活动提供设施等	• 提供试验需要的设备、机器 • 提供试运行需要的服务器、云端等系统平台	• 优先提供或出借设备、机器、系统等
	软件	• 组织策划创意活动或提供相关的知识	• 提供商业验证的知识 • 提供创业的知识 • 介绍投资方和支持者	• 税务、法务的支持 • 提供营销知识 • 介绍合作者和客户

SECTION 08：

权限改革：加快决策的速度

现有的组织有明确的权限来调动管理资源，如人员、货物、资金和信息，
并有相应的内部流程。
数字化转型需要一定的权限，因此一些内部流程需要改革。

◆ 提高权限和流程的自由程度

权限与组织和制度有很深的关系，授权是由各业务部门的职责分工
和内部规定等制度决定的。此外，还有与权限相对应的内部流程。例如，
"超过 × 千万日元的投资时，必须获得董事会的批准"这样的权限规定。

除了投资和预算之外，组织内下达命令和获取信息也需要一定的权
限。这些权限和内部流程的设立是为了确保现有业务的开展，并且一直以
来可能是有效的。

然而，在促进数字化转型时，传统的职责分摊和权限规则可能会阻
碍决策速度和活动自由。因此有必要努力消除变革的障碍，如对预算、审
批和批准程序的权限，与外部各方合作的自由，以及让现有组织参与的权
限等。

◆ 授权和内部流程的逐步改变

在传统组织中，权力通常集中在高层，但在数字化转型推广中，不同
的人和团队都需要自主工作。因此，将权力下放给中层和基层是有效的。

由于彻底改变公司的权限规定和审批程序需要很大的努力，在最初
阶段，最好是在部门负责人的自由裁量权范围内转移权力，如在一个部门

内，或允许在个案的基础上运行灵活的内部手续。与制度一样，应采取措施放宽对特例的授权或部分规定，然后逐步扩大这种授权的范围。

然而，个人或部门领导可自行决定进行活动的范围是有限的，一些关于权力的规则或对审批和授权等程序的改变就成为必要。归根结底，目的是完善权限规则，让每个人都能自由地提出想法，作为业务和运营的一部分理所当然地推广数字化转型，并建立起顺畅的内部流程，可以根据环境的变化不断改进，或在必要时灵活操作。

毫不夸张地说，权限规定和内部规则都是为了避免风险。风险在任何新事物的挑战中都是存在的，但过于注重规避风险，企业将无法开展任何工作。虽然推广数字化转型带来了机会，但也要正确评估与之相伴的风险，这需要清晰的说明和很强的说服力。

[08] 面向数字化转型的权限改革

有效预算的两个关键因素

在各种权限中，投资和预算执行等与资金相关的权限特别重要。
建立一定的预算框架、分阶段判断项目可行与否的思考方法是必要的。

◆ 确保有"创新预算项目"

在数字化转型推广中，投资和预算执行等资金相关的权限是极其重要的。在使用人工智能、物联网和其他数字技术以及创建数字业务方面的IT投资可能不会立即显示出结果。从某种意义上说，这是一种对未知的挑战，是一种回报不确定的投资，所以它不完全符合投资回报（ROI）的概念。此外，如果遵循内部审批规则，可能很难实现数字化转型推进的"最初的尝试"，或很难实现平缓的路线修正。由于这些原因，对数字化转型项目的投资需要一种不同于传统预算权限和审批程序的思维方式。

一种思考方式是留出一个"创新预算框架"，授权数字化转型推广人员在一定的预算范围内酌情使用。重要的是要避免由于缺乏预算而无法启动调查或研究某项技术，或与IT公司进行联合概念验证等情况的出现。

◆ 分阶段判断项目可行与否

鉴于数字化转型项目的特点，除了自由裁量确保一定的预算框架外，灵活应对商业条件和技术趋势变化的短周期投资管理方法也是有效的。数字化转型项目很难在初始阶段就明确投资规模，像过去那样根据初始投资和若干年的运营成本计算出投资总额上报投资委员会或董事会，往往不合适。还要避免出现这样的情况，即预算计划一经确定就受到约束，执行期间内不能启动新项目，或是过于强调消化预算，在执行期间不能中止项目。

在一个项目进行期间，需求改变或应用的技术改变是很正常的。这种情况下采用传统的投资审议程序的方法会减缓项目进程的速度。此外，也有可能在概念验证的过程中放弃了系统化，或者在试运行后用户数量立即迅速增加。因此，投资决策不能流于形式，而是要在了解商业环境变化和未来趋势的基础上，从接近实地的角度迅速而准确地作出判断。因此，这需要分阶段的预算措施和灵活应用这一措施，以短周期为单位作出扩张和收缩的决定。

具体来说，建议对每一个主要的实施阶段都设计一个环节，来决定是否进入下一个阶段或中止于该阶段，并明确决策标准。

[09] 一定的预算框架和分阶段的预算措施

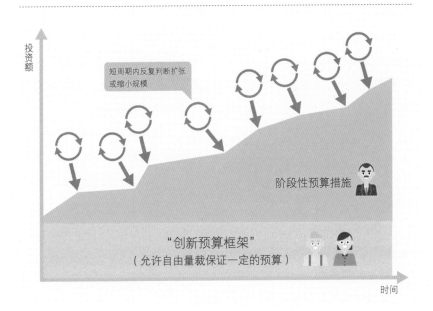

投资额

短周期内反复判断扩张
或缩小规模

阶段性预算措施

"创新预算框架"
（允许自由量裁保证一定的预算）

时间

人力资源改革：最重要也是最难的挑战

人力资源是数字化转型环境发展中最重要的因素。

无论是在技能还是心态方面，改变"人"比起改变组织和制度都更难。

◆数字化人才的争夺战已开始

数字化转型的最重要和最具挑战性的方面是人力资源的转型。每家企业都需要能够提出数字化利用的想法并将其变为现实的人，以及能够促进企业内部变革和改善环境的人，而这样的人才不是企业内外随便什么地方就能找到的。

有几种措施可以考虑，如从外部任命首席数字官（CDO）来培训企业内部 IT 部门和业务部门的数字化转型人员，或从同行业的其他企业或 IT 企业挖人，或是在企业内部进行调任和轮岗。但培训人员需要时间，从企业外部招聘也解决不了企业整体数字化人才不足的困境。活跃在数字化转型领域的企业开始寻求人才保障，并且越来越多地从其他行业和 IT 供应商那里招聘 IT 人才。可以说，数字化人才争夺战已经开始。

即使从企业内部和外部招聘了优秀人才，除非具备前文提到的条件，如意识、制度和权力，否则这些人才也不能充分发挥作用。具体措施需要企业从中长期角度明确数字化转型的人力资源和技能要求，然后制定、实施计划和方案，以确保和培养符合这些要求的人力资源。

◆企业需要的中长期数字化人才战略

许多企业普遍缺乏数字化人才，如果企业想从自己的员工培养起，就需要根据中长期的计划来实施职业发展和人力资源措施。

数字化人员的争夺战预计在未来会更加激烈。除了中途挖人，企业内的业务和规划部门也埋藏着许多潜在的数字化人才候选人，因此不要忽视这一选择。

通过再培训将现有的 IT 和业务部门人员转化为数字化人员，或者从一开始就将未来聘用的部分人员培养为数字化人员也是必要的。一些企业已经开始着眼于未来发展人力资源，从 IT 部门和业务部门挑选和重新培训申请人和合格人员，或者将设计思维和敏捷开发等内容纳入新员工培训。无论如何，人力资源开发需要时间和努力，所以需要一个长期的方法。

［10］面向数字化转型的人力资源改革

从外部录用 CDO

以企业内部 IT 部门和业务部门
为对象培养人才

从同行业其他企业或 IT 企业挖人

调任或公司内部轮岗

SECTION 11：

促进数字化转型发展不可或缺的
三类人员

数字化转型推广需要创造想法、带领周围人员参与进来并将想法付诸实现，
因而制作人、开发者和设计者这三类人员必不可少。

◆ 数字化转型推广所需的三类人力资源

负责数字化转型的人员应该是什么样的人才？根据哈佛商学院教授克莱顿·克里斯滕森及其团队在"创新者的 DNA"中的研究，创新需要三种类型的人：具有出色的发现能力的人，具有出色的执行能力的人，以及在两者之间取得良好平衡的人。

"发现能力出色的人"担任为产品、服务和流程产生创新想法的角色。"执行能力出色的人"是那些实现想法的人，他们通过把想法付诸实践来引领成功的道路。而"平衡两者的人"作为组织的"翻译者"，帮助弥合构思（想法）和实践（技术）之间的差距。理想的情况下，这三类人在一个组织中应该得到很好的平衡以便创新。

换句话说，开展公司的数字化转型时，负责提出想法并将之模式化的"设计者"、具有技术鉴别力和执行力的"开发者"以及将人员和组织统括在一起的"制作人"三种人员结成小组将是有效的。

◆ 三类人力资源的作用和技能

（1）设计者（策划）：他们根据对市场和客户的问题和需求的理解来构思业务和服务，积极提出建议，并与业务部门和合作伙伴一起建立计划。设计者需要具备构思一项业务或服务并将其发展为有效概念的"概念

化能力"，还需要具备通过分析、组合和说明将想法和概念调整为有吸引力的计划的"规划建设能力"，以及促进建立共识、相互理解和合作活动的"促进力"。

（2）开发者（技术）：他们负责准确评估和选择适用的技术，开发原型和原型软件，并重复验证和改进。开发者需要具备探索、获取先进技术和各种关键技术的"技术研究和验证能力"，准确评估和选择合适的技术的"技术应用能力"，以及快速实现想法并不断设计和改进的"原型设计和改进能力"。

（3）制作人（统筹）：与客户、合作伙伴和业务部门建立并保持良好的关系，监督从创意创造到商业化的整个过程。制作人需要具备全面了解企业的整体情况从而对投资和资源管理的分配作出适当决定的"商业管理能力"，具备了解公司所在的行业、解读与公司发展相关的社会和经济变化及未来趋势的"了解外部环境的能力"，以及有效整合企业内外的人力资源和组织并扩大人脉、建构必要的体制、确保预算的"组织牵引力"。

［11］推广数字化转型需要的人员

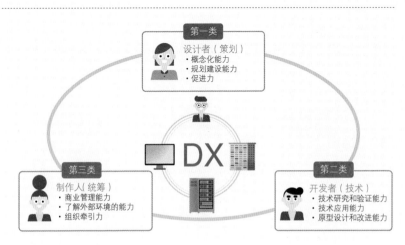

数字化转型成功不可或缺的企业内部改革是什么?

1 引领数字化转型成功的五种企业内部改革

数字化转型要想成功，就必须推进切实可行的举措，同时在企业内部果断地实施变革，创造合适的环境。具体来说，变革将发生在五个方面：意识、组织、制度、权限和人力资源。哪一个方面都不容易，它们是相互关联的，只改善其中一个是不够的。

2 改革意识

在促进数字化转型所需的企业内部改革中，第一步是改变管理层和业务部门的思维方式。因为这是整个企业改变态度的基础。此外，通过工作坊、研讨会和会议等各种方式改变整个企业的意识也很重要。

非正式会谈

内部创意征集

内部研讨会

第三部分围绕数字化转型成功不可或缺的企业内部改革，就实际操作中如何改革进行了详细说明。主要内容总结如下。

3 改革组织和制度

为了创造数字化转型实施的想法并实现这些想法，有必要建立一个组织结构来促进这一工作。在早期阶段，建立一个有专门人员的推广组织、制定明确的目标、让整个公司了解其作用是特别有效的做法。重新审视现有的制度或采用新制度以确保数字化转型的顺利推广也是至关重要的。

4 改革权限和人力资源

一般来说，权力集中在一个组织的高层，但由于数字化转型推广需要不同的人员和团队自主工作，将权力下放和分配给中低层是有效的。此外，以负责创意和建模的"设计者"、具有技术鉴别力和实践力的"开发者"和动员、统领全体的"制作人"三类人员结成小组也是有效的。

 第一类　设计者（策划）　　 第二类　开发者（技术）　　 第三类　制作人（统筹）

专栏　　　　　　|　　数字化转型小故事③

数字化人才不能通过培训和研讨会来培养

日本企业在推出新举措时似乎有一种强烈的倾向，即从培训开始。当然，人力资源开发是非常重要的。我也曾参与数字人员的创新培训，这让我很高兴，但也感到有些不舒服。

特别是在大企业，有许多内部研讨会，通过邀请外部讲师召开研讨会或工作坊，培训往往是在上级的推荐下召集大家进行的。当然，从提供启迪性意图和认识的角度来看，这是一种有意义的做法。然而，将要引领数字时代的人不应该像小鸟一样等待食物送到他们的嘴里。

根据我的经验，人才成长最有效的方式是去和本企业以外的人比试。当你把想法和意见反馈给公司以外的人，最好是来自不同行业和专业的人，你会获得比知识和技能更有价值的经验。如今，外部创意马拉松 / 黑客马拉松活动、实践研讨会、社区学习小组和研究小组在各地都蓬勃发展。参加这些活动的人都是具有创新素质的人。

对企业来说，重要的是放弃传统的内部人力资源开发和教育培训计划的方法，多强调自主性，为员工提供接触外部世界的机会和机遇。

讲座、研讨会

有效学习知识和技能

外部比赛

从不同的常识、文化中发现

PART

4

如何开展数字化转型?

最适合日本企业的 DX 推广方法是什么?

在数字化转型的实施方面，日本落后于其他国家和地区。

究其根本，找到最适合自身企业的推广方法非常重要。

◆日本企业常见的"三大魔咒"

有三个"魔咒"是日本企业所特有的。第一个是"负担沉重"的问题。数字时代的许多领先平台源自美国，硅谷每天都在诞生新的创业公司。美国公司接受与颠覆者的竞争和淘汰，认为这是行业的新陈代谢，并愿意从头开始创建一个新世界。

另外，中国和亚洲其他新兴经济体正同时经历着经济增长和数字化，并在没有任何附加条件的情况下推动数字化转型的发展。而日本是唯一未能摆脱过去的成功、旧的组织体系、企业文化和现有制度的国家，现在正带着沉重的包袱走上一个新战场，而轻装上阵是决定胜败的关键。

第二个"魔咒"是"管理层的数字化敏感度"问题。许多管理者说"我不太了解技术"或"我把它交给负责的人"。这将使数字经济时代的变革难以实现。

第三个"魔咒"是"组织管理"问题。在日本，这是阻碍数字化转型的关键因素，对大企业来说尤其如此。这是因为它们往往是由强调共识和先例的管理层和决策层管理的。

◆非自上而下的日本数字化转型方法

进入 21 世纪以来，许多关于数字战略理论和针对颠覆者的对策的书籍已经出版。然而，欧美知名学者和顾问撰写的数字战略要点只针对高层管理人员的领导力问题。换句话说，就是假定管理层对未来有敏锐的洞察力和强大的领导力，能自上而下推动变革。

在日本，人们经常提出关于数字化转型的问题是"我们如何能改变管理层的思维方式"，而能果断实行自上而下进行变革的企业并不多。

因此，日本一定要有一种与西方不同的发起和推广数字化转型的方式。自下而上或中间管理层发起变革是日本企业的强项。另外，作为第一步，可以采取试验的方式，不需要重大投资或人员投入。这也是日本数字化转型的特征。

[01] 关于日本式数字化推进方式的提示

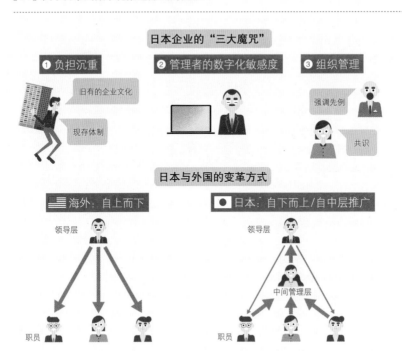

103

SECTION 02：

推广数字化转型时要注意的"五个陷阱"

许多企业正开始致力于数字化转型，但在某些情况下并非一帆风顺。

为确保顺利进展，企业应该注意哪些要点？

◆需要注意的"五个陷阱"

笔者曾协助许多公司制定数字化转型战略和发展数字化转型的环境，由此总结了他们面临的一些最常见的障碍。

（1）模仿数字化转型游戏的陷阱：在没有明确"数字化转型推广的目标是什么"的情况下，就实验性地引入人工智能或进行技术应用的概念验证（Proof of Concept，PoC）。

（2）普遍意见的陷阱：每个人都说"数字化转型很重要"，但当涉及影响自己部门或业务的个别问题时，他们要么反对，要么保持沉默。

（3）"之后就好了"的陷阱：经理和高级管理人员认为，他们只需建立一个数字化转型推广组织和部署人员，就已经完成了他们的职责，却忽略了创造环境和提供后勤支持，以促进其后续活动。

（4）流于形式的陷阱：建立数字化转型委员会，开展征求内部意见的活动和培训等，表面上看是一种方法，但没有充分利用或没有继续下去。

（5）过去的经验的陷阱：以先前的案例作为参考，遵循成功的方法和思维方式，不想改变对员工的评估方式、投资决策的标准、组织文化等。

◆什么样的企业容易陷入"五个陷阱"？

陷入"数字化转型陷阱"的原因是没有充分讨论"为什么数字化转型对本企业是必要的"和"我们旨在通过数字化转型实现什么"。随着数字化转型被广泛谈论，企业也普遍认为他们必须做一些事情，可是他们不知道到底应该做什么。

"普遍同意（和不同意）"的陷阱源于这样一种态度：数字化转型是必要的，但"暂时没关系"，"我的部门不需要改变"。在日本企业中常见的一种倾向是当启动新项目时，第一步一定是先建立一个组织。这是"从形式出发的陷阱"的一种表现。

与传统的业务流程改革不同，数字化转型推广需要企业进行广泛的根本性变革，包括文化和氛围、组织、制度、权限和人力资源，因此管理层的持续支持是必不可少的，仅仅说"之后就好了"是不够的。

有些人还从研究先进的案例开始。然而，在促进数字化利用和企业转型方面没有固定的方法论或成功规则，需要自己铺路。参考先例并不是无用功，但如果持没有先例或最佳做法就不去挑战的态度，那么就会落入过去的经验的陷阱。

［02］数字化转型推广过程中容易落入的"五个陷阱"

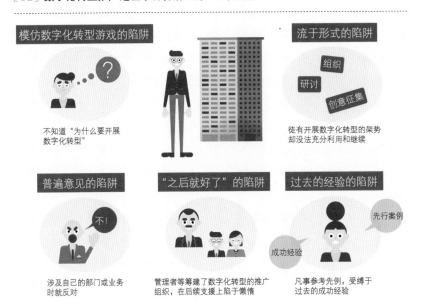

模仿数字化转型游戏的陷阱

不知道"为什么要开展数字化转型"

流于形式的陷阱

组织
研讨
创意征集

徒有开展数字化转型的架势却没法充分利用和继续

普遍意见的陷阱

不！

涉及自己的部门或业务时就反对

"之后就好了"的陷阱

管理者等筹建了数字化转型的推广组织，在后续支援上陷于懒惰

过去的经验的陷阱

先行案例

成功经验

凡事参考先例，受缚于过去的成功经验

避免"五个陷阱"与"三大魔咒"的处方

该采取哪些举措来打破"三大魔咒"、
避免"五个陷阱"并取得突破呢？

◆ 如何打破"三大魔咒"

在无法指望有魄力的管理者和天才创新者突然出现并以强有力的领导力带领数字化转型的情况下，继续等待只能徒劳无功。为了数字化转型的创意也好，为了通过反复试错来推广数字化转型也好，包括中层和年轻员工的每一个职员，都必须主动出击，在影响管理层的同时，推进数字化转型的进程。

面对"通过数字化转型企业要达到怎样的目标"这一问题，也不应由总裁一人或董事会成员来决定，而是每一位员工都能从自己的角度思考问题，超越层级讨论，并分享各自的理解，然后必须有人有勇气迈出第一步。

另外，为了促进数字化转型，在很多情况下必须抛弃过去的常识、成功的方法和思维方式。

◆ "五个陷阱"的处方

以下是打破"三大魔咒"和避免"五个陷阱"并取得突破的五个处方。

（1）彻底追问"为什么和去哪里"：每个人，不管是什么组织或等级，都必须在促进数字化转型方面发挥一些作用。为此，从管理层到员工都必须彻底讨论"为什么数字化转型对我们公司是必要的"和"我们在数字化转型方面的目标是什么"，直到每个人都对问题有清楚的认识。分享这些想法是非常重要的。

（2）从小规模的倡议开始：从难度较小、能在短时间内产生效果的小规模倡议开始，然后随着成果的显现，扩大覆盖范围或发展为更大的倡议，这是一种可靠的着手方式。

（3）寻找支持者和合作者：从小的倡议开始起，找到并重视你最初的追随者。与追随者一起行动，通过让支持者和合作者逐一参与，将活动发展成全公司的运动，这是很有效的。

（4）重视实践：不要只从书本和培训课程中了解新技术和新想法，或在会议和材料中研究它们，而是要实际生产和使用，从第一手经验中学习。

（5）接触"外部世界"：当一直处于同一个世界时，人们往往不会质疑传统的做事和思考方式。因此自己和周围的人都需要与外界接触以对公司、组织和自己形成客观的看法。

［03］如何避免"五个陷阱"和"三大魔咒"

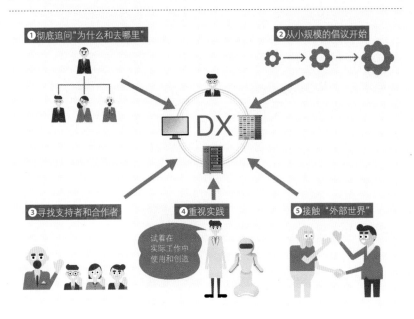

采用"精益创业"的方法效果很好

数字化转型推广没有既定的方法或流程，

但传统的企业战略规划和业务流程改革的方法并不直接适用，

其中有几点需要注意。

◆ 传统的 PDCA 循环已不再有效

在迄今为止的商业管理和推广中，PDCA（Plan, Do, Check, Act）循环一直被认作普遍做法。企业在策划新服务或业务时也普遍使用。PDCA 循环旨在通过重复计划、执行、评估和改进阶段来改善业务。它不是盲目地突飞猛进的过程，而是通过经过时间考验的评估来反思结果和实施体系、积极主动地寻求纠正和改进的一种管理方法。

在 PDCA 实践中，评价一般是以年度、半年度或季度等较长的周期来进行的。这在应用于成熟市场的企业运营或处于稳定轨道的企业和服务时毫无问题。但是在以快速的技术创新、商业环境的快速变化和充满许多不确定因素为特点的数字化转型领域，快速的政策变化和灵活的路线修正是必不可少的。

应优先考虑提高评估的频率和对环境变化的灵活反应，因为传统的长周期 PDCA 机制并不总是有效的。

◆ 通过"精益创业"推进数字化转型

在快速变化的环境中，商业发展最活跃的地区之一是美国的硅谷。在硅谷，每天都有许多风险公司诞生，这些企业所开发的商业模式和工业技术形成了一个生态系统，在投资者和风险资本的支持下获得发展机会。

在这样的环境中，许多成功的企业有一个共同的特点。它们将需求驱动的产品和服务从原型设计阶段迅速投入市场，并在短周期内作出决策，从而确立起先行者的地位。企业家埃里克·里斯注意到这一点，他通过整理和系统化发展出一种商业开发方法——"精益创业"。"精益"意味着"精简"或"高效"，而"创业"意味着"启动"。

精益创业的概念，如其名所示，起源于丰田汽车公司创建的精益生产系统。精益生产系统彻底简化了流程，消除了生产过程中的浪费。埃里克·里斯将这一概念应用于企业发展方法，并提出了精益创业方法。

换句话说，他将其系统化为一种方法，用于彻底消除服务或业务启动、发展和成功过程中的非理性因素。通过在不产生成本的情况下创造原型，并在短时间内重复反映顾客反馈的循环，这种方法最大限度地减少了在产品投入和商业化早期经常出现的过度投资和重大周转等浪费。

[04] "精益创业"的思考方式

数字化转型分两步进行

在推广数字化转型时，最好采用"精益创业"的方式，

具体分为两个阶段来施行。

首先成功实施小规模的倡议，

然后随着环境的完善逐渐发展并扩大为全公司的倡议。

◆ 第一阶段："最初的尝试"

对于数字化转型的推广，建议分阶段采取包括精益创业在内的两个阶段。

在第一阶段，进行仅限于特定部门的试验性举措和小规模的创新。在这个阶段，企业内部很少有人理解这个概念，而且可能很难获得足够的预算和结构，但重要的是，有一个认识到数字化转型重要性的人开始了"最初的尝试"，并取得了一定的业绩，即使是很小的成绩。这一阶段的关键是选择难度较小且可能在短期内产生效果的小规模举措。

一旦开始了一个小的倡议，就要找到并重视追随者。与追随者一起行动，通过让支持者和合作者参与进来扩大活动范围。

"最初的尝试"的挑战并不总是成功的，但重要的是要从中学习。列出并总结在第一阶段推广数字化转型的任何障碍或壁垒。这些是需要改变的问题，以改善环境，为第二阶段提供动力。

◆ 第二阶段：扩大活动范围

在第二阶段，以第一阶段取得的成果和经验为基础，提高企业内部的认识，扩大活动范围。通过组织、制度和权限的改革，陆续解决第一阶段中的障碍或壁垒，同时向相关部门和管理层解释和协调改变的必要性。在

这里，与第一阶段一样，重要的是不要忽视总结那些阻碍进展的问题，并将其作为下一个挑战，在意识、组织、制度、权限和人力资源方面促进企业的内部转型。通过稳定地继续开展此类活动，支持者和合作者的数量将增加，促进数字化转型的环境将得到完善。

最终目标是让数字化转型倡议超越组织和等级障碍，成为每个人的日常活动。因此，第二阶段本身并不是终点，而是一个持续的成功和失败的过程。通过这些活动，企业将发展成为一个以数字化转型为全体战略核心的组织。

[05] 分两个阶段促进数字化转型

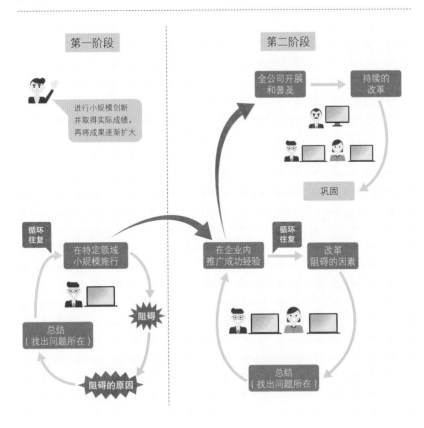

促进"渐进式创新"的想法

"渐进式创新"是在现有的业务中使用数字技术来加强运营
或为一直以来的客户提供新价值的创新方式。
要进行"全新的创新"需要一种不同于以往的思维方式和推进方式。

◆ "渐进式创新"所需的四个重点

许多企业一直在推广信息化，并在各方面使用信息技术。然而，仅提高效率或部分实现自动化并不能被称为数字化转型。数字化转型并不是在维持现状的基础上的构思，而是需要打破传统智慧的新奇想法。

在"渐进式创新"中，有四点需要重点关注（参见图解06）。

首先是①直觉和经验占主导地位的领域以及②现有框架或惯例被视为圣地的领域。重点应关注迄今为止技术尚未充分渗透的领域，并探索在这些领域进行"渐进式创新"的可能性。具体的例子包括消除个人主义色彩浓重的业务、共享数据分析和知识以支持假设测试和决策，以及支持基于商业规则和算法的定制化（个性化）。直觉和经验存在于人们的头脑中，但其中有一些可以由机器学习。近年来，利用人工智能来进行招聘测试和优化人员配置的做法变得很常见。通过经销商的间接销售和上门销售等方式也已经成为商业常态。

重视③侧重于独立或单独进行的领域的改革以及④受时间和空间限制而难以实现的领域的改革。重新审视本企业的生产和物流，将按地区、地点或业务线的调配和客户管理等统一管理。另外，通过物联网的远程监测和控制，也可以消除空间上的限制。

◆ 从观察和技术启蒙中构思商业创新

数字化转型创新的关键是在零基础上探索应用的可能性。过去，在实施信息化以改善业务时，通常的做法是与业务部门面谈以引出问题和业务需求。然而，这种方法在数字化转型中可能不起作用。例如，在探索人工智能的适用领域时，即使企业主动听取各方声音，但由于员工本来就不知道人工智能能做什么而无法确定需求。此外，业务部门的成员已经习惯了他们目前的任务和流程，以至于没有问题可提，这种情况也很普遍。

一种有效的方法是由了解人工智能等技术并知道该技术在其他公司的应用实例的人，不带成见地在业务一线进行实地考察，探索其应用潜力。另一种可行的方法是向业务部门的员工介绍数字技术的基本价值，如它能做什么，以及其他公司用它做了什么，以唤起他们的意识。

[06] 构思"渐进式创新"的方法

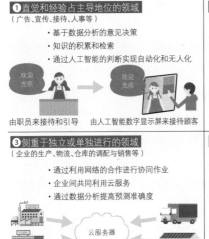

❶ 直觉和经验占主导地位的领域
（广告、宣传、接待、人事等）
- 基于数据分析的意见决策
- 知识的积累和检索
- 通过人工智能的判断实现自动化和无人化

由职员来接待和引导　由人工智能数字显示屏来接待顾客

❷ 现有框架或惯例被视为圣地的领域
（上门推销、固定价格等营销模式）
- 通过互联网或社交媒体扩大与顾客的联系
- 根据地区、店铺和顾客特点设定相应的价格
- 服务定制与随用随付

与顾客联系点的扩大

❸ 侧重于独立或单独进行的领域
（企业的生产、物流、仓库的调配与销售等）
- 通过利用网络的合作进行协同作业
- 企业间共同利用云服务
- 通过数据分析提高预测准确度

❹ 受时间和空间限制而难以实现的领域
（劳动时间的限制，仓储网络和所在地的限制）
- 全球分工与同时进行
- 利用RFID、GPS、GIS等技术识别和追踪
- 实现在线自助服务

促成"非连续式创新"的想法

涉及进入新业务领域或创造新服务和商业模式的"非连续式创新"，
与"渐进式创新"相比，需要转变思维，采取更多面向未来的方法。

◆ 转变思维时的 3C 和 4P 的问题

　　许多企业，特别是大企业，之所以成功，是因为它们在产品、销售
网络、广告、质量和价格方面有优势。然而，在外部环境发生重大变化的
时候，则不能在延伸过去经验的基础上制定战略，而是有必要大胆转变思
路，创造新的价值，开辟新的市场。

　　一个有效的方法是改变企业战略规划和营销框架中的 3C（客户、竞
争对手和本企业）和 4P（产品、价格、促销和分销）的概念。例如，将
原来只针对企业客户的业务发展成为普通消费者服务的业务，这是改变
"顾客"的一种构思。深夜出租车的"竞争者"可能不是深夜巴士，而是
胶囊酒店。而将销售汽车的业务转换为提供运输服务的业务意味着改变
"产品"。这样一来，即使改变 3C 或 4P 中的一个，也可能带来全新的价值
观或为客户提供新的体验。

　　企业在过去为应对不断变化的趋势和客户需求而进行了自我转型。然
而，现在正在发生的范式转变很可能与我们近几十年来经历的转变不同，
且更重要。这既是一个重大危机，也是一个重大机遇。

◆ 如何将业务和技术联系起来

　　到目前为止，在商业中使用技术的主流方法是"解决问题型"，即面

对业务上的问题或需求，利用相应的技术提出解决方案或实施方案。

　　而随着新技术的出现，也有一种"种子建议型"的方法，即介绍新技术并考虑将其应用于商业。例如，射频识别标签（RFID）的低成本化就是一个技术种子，可以用于仓库材料盘点。

　　此外，近年来，利用数字技术的新企业层出不穷，而数字技术本身也在日新月异地发展。因此，预见商业环境的变化和技术的未来，并将它们联系起来，创造新的业务和改变商业模式的方法也是可行的。

　　在创造不连续的创新中，这种面向未来的"想法驱动型"方法被认为在许多情况下是有效的。

［07］"非连续式创新"的想法

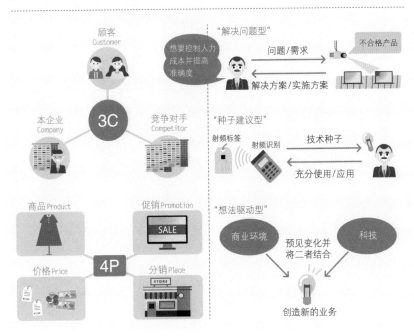

数字化转型的基本过程

推广数字化转型没有固定方法或既定流程，
但有一个基本的步骤，可以作为指导。

◆重复从"创意生成"到"商业验证"的过程

数字化转型实践有两种类型：渐进式创新和非连续式创新，其推广的顺序基本上是相同的。

首先，针对具体的实践主题进行"创意生成"（概念起草和规划）。在这个阶段，想法只是假设，没有必要确定它们是否真的可以实现或是否有效。例如，创意是利用图像识别技术来进行以前以目测进行的产品质量检查，那么具体的技术或应用方法尚未决定，也没有关系。

接下来，为了验证这一假想，要进行 PoC（概念验证）。PoC 可以验证解决方案或措施的方向是否正确。如果验证表明方向是错误的，就要回到创意产生的起点。

如果确认了方向是正确的，接下来就进入 PoB（商业验证）阶段。这一阶段验证的是运营方案和业务方案是否成立，以及技术或体制是否可行。如果 PoB 阶段显示在技术上不可行，或者性能和功能上存在问题，也要回到创意产生的起点。

这样，按照"精益创业"的思考方式重复概念验证和商业验证，就可以将想法精炼为可以真正实现的东西。

◆从准备过渡到正式实施

一旦确认一项业务的有效性，接下来就进入"准备过渡"的阶段。针对项目的具体实施制订计划、完善体制。如果需要引进技术或系统建设，则要根据项目实际运作的需要进行开发。

最后一步是"正式实施"，包括业务的运行和系统的运行。但是，项目的开始运营并不意味着终点，也需要以"精益创业"的方式，在短周期内衡量运营和业务的状况，并在观察客户和用户的反应的同时反复进行改进。另外，关于技术和系统，也不能像以前那样只求稳定运行，在发布后也要进行不断的升级和改进。

在精益创业中，有时也需要对方向进行重大改变，即所谓的"支点"。随着商业环境的急剧变化或技术革新，已经创建的业务或系统可能不能再发挥作用。在这种情况下，重要的是愿意回到创意的起点，重新创建商业模式或系统。

[08] 数字化转型基本的推进步骤

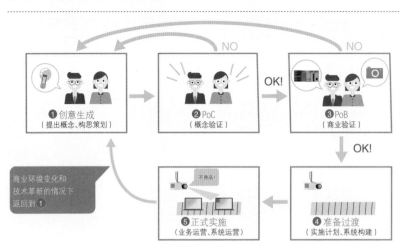

对数字化转型项目至关重要的投资决策和执行管理的要点

数字化转型项目的实施必须考虑到商业和技术的不确定性，
因此需要一个能够灵活调整政策的新型投资评估和执行框架。

◆需要作出与此前不同的投资决策

数字化转型项目并不总是立即显示效果，也不总能保证回报。从某种意义上说，这是对未知的挑战，属于不确定的投资，本身具有不符合投资回报（ROI）概念的一面。

因此，投资数字化转型项目需要发起人的强烈意愿和管理层的承诺，不单是一项"支出"，而应该是有意向的投资。在制定关键绩效指标（KPI）和成果目标时也很难衡量现状，想实现的目标要将可行性、市场性等方面的假设考虑进来。

这些情况都要求有一个新的投资评估和项目执行框架，以便能够灵活决策，并在必要时作出调整。

◆需要判断各阶段的可行性

有关数字化转型的项目，在早期阶段很难制订详细的实施计划，而且在项目中期，需求发生变化或应用的技术发生变化的情况也不少见。如果每次都采用传统的审批程序，就会影响项目进行的速度。此外，也有可能出现在 PoC 或 PoB 过程中放弃施行，或在试运行后立即看到用户数量的快速增长的情况。

在数字化转型项目中必须对商业环境的变化和未来趋势有准确的把握，

并在此基础上从接近现场的角度作出快速准确的投资决策和执行管理。这就需要采取循序渐进的预算措施并灵活运用，必要时必须迅速作出决定。

数字化转型项目推进时，有时必须就是否中止项目或业务可行与否作出重要判断。在某些情况下，甚至在项目实施过程中，可能不得不通过反复试错来一步步接近目标。但是，时间和预算不应该花在那些仅有好的想法或概念却没有投入生产或商业化前景的项目上。

因此，有效的方法是在每个重要阶段的关键节点设置检查点，以确定项目是否可以实施或继续，并制定基本规则，除非条件得到满足，否则不会在下一阶段进行投资。这样既实现了透明的操作，又避免了不必要的投资。

[09] **数字化转型项目的投资决策和执行管理**

	检查点1	检查点2	检查点3	检查点4
定位	批准创意提案和策划案	判断概念验证的实施和项目化的可行性	判断商业验证的实施和系统化的可行性	判断业务化和正式的系统开发的可行性
决策者	数字化转型推广小组组长	数字化转型部门负责人 提案人所属部门负责人	数字化转型部门负责人 提案人所属部门负责人	数字化转型部门职员 提案人所属部门职员
决策指标	愿景的明确程度（Vision）	价值和意愿（Value/Will）	可行性和可能性（Feasibility/Possibility）	投资回报（Return）

以半年或一年为节点判断是否继续项目

创意产出（概念提案、策划提案）→ PoC（概念验证）→ PoB（商业验证）→ 准备过渡（商业化计划、构建系统）→ 正式实施（业务运营、系统运营）

重要的"阶段性"的检查清单

促进数字化转型的过程始终伴随着不确定性。

因此，建议对每个阶段都列出检查清单进行评估以断定是否需要修改或继续项目。

◆检查清单的评估方式对数字化转型是有效的

在以前的 IT 投资项目中，在初步审议时，通常会设定关键绩效指标，这些指标可以从成本效益和运营效果（如运营时间、处理数量、准备时间等）等方面进行定量衡量。

可是，大多数数字化转型项目难以定量地衡量投资回报和运营效果。特别是对于"非连续式创新"项目，本身不存在"现状"，所以很难假设客户数量或销售收入等效果。因此，看检查清单所列的各项是否得到满足的评价方法是有效的，而不是拘泥于定量评价。

◆每个阶段的评价标准是什么？

数字化转型推广大体上分为四个主要阶段。决定是否进入下一阶段的检查清单是按阶段整理的。

第一阶段是数字化转型项目的"创意生成"。在这一阶段，不要怕失败，而要在对失败有所准备的基础上能灵活地开展"最初的尝试"，因此这一阶段的检查项目不应该太严苛。在决定一个创意能够发展为项目时，明智的做法是将注意力放在对愿景的明确度（目标领域和目标）的定性评估上。这是第一个节点（检查点 1）。

接下来，在决定是否将想法转化为项目并实施 PoC（检查点 2）的关键性阶段，要检验措施的有用性和发起人的意愿程度。由于 PoC 是关于解决或实施方案的假设，检验它是否合适，首先必须明确这个假设是存在的。如果仅想尝试一项先进的技术或一个有趣的想法，并想放手一搏，那将导致落入"数字化转型陷阱"。明确用户和潜在顾客人群，并能够及时确认他们的反应，也是一个检验的关键点。

在 PoB 实施决策中（检查点 3），评价的重点应该是解决方案或实施方案作为一项业务是否可行（商业潜力），以及技术和系统上是否能够实现（可行性）。如果需要系统化，也要考虑到建设和运营成本。

在"准备过渡（商业化计划和系统建设）"的阶段（检查点 4），因为会产生大量的费用，所以要通过提出成本效益和收支平衡的目标来确认经济上的合理性。内部和外部的合作者、产品和服务的交付渠道，以及质量和安全问题也必须考虑进去。而且，即使在"正式运行"后（业务运营和系统运营），因为商业环境不断变化和技术持续发展，每半年或一年作一次评估来判断是否继续项目也是必要的。

[10] 每个阶段的检查清单

	检查点1	检查点2	检查点3	检查点4
愿景是否明确（Vision）	□对象领域的改造目标（改造后）	□用户、潜在顾客	□向用户和潜在顾客提供的价值	□改造目标要将未来的商业环境和技术发展考虑进去
是否有价值（Value）	□与以往的项目的区别 □问题、解决方案、益处	□用户和潜在顾客是否同意问题及解决方案	□用户和潜在顾客是否认同提供的价值	□针对未来商业环境变化而提出的价值及其益处是否明确
意愿度（Will）	□提案者对先进事例和市场动向进行调查	□提案者亲自制作策划案并听取用户和潜在顾客的意见	□确定推广负责人 □寻求公司内外的合作者	□与企业内外的相关人员、合作方是否建起良好的关系
可行性（Feasibility）	——	□明确目标业务、其市场以及适用的场合	□确定执行目标业务的部门及初期顾客	□决定提供价值的途径和合作方 □制定改进、发展的产品路线图
可能性（Possibility）	——	□决定检验的领域 □策划需要技术的检验计划	□完成采用技术的检验 □整顿项目体制 □公示施行计划	□确保质量和安全等 □制定商业化和正式施行后的运行体制
投资回报（Return）		□明确收入流和受益者	□预算支出 □针对收益和效果设定目标时限	□公示投资回报和收益平衡的目标 □能够确认经济合理性

数字化转型项目任务分配的决定方法

与数字化转型相关的项目需要许多部门的参与，

包括企业的第一线（如工厂和商店）、销售和市场部门以及 IT 部门。

因此，明确角色分工是很重要的。

◆ 数字化转型推广中面临的挑战

在推广数字化转型时，在相关部门的角色分工方面可能会面临以下挑战。

· 要求业务部门合作实施 PoC，但被告知他们"很忙"。

· 在对一项先进技术的应用进行验证时，如果其预期用途或应用任务尚未确定，就很难找到一个愿意合作进行核查实验的部门。

· 为了实施 PoC 和 PoB 而联合多部门组成横向项目并获得了协助，但是在正式施行时因为无法确定主体领导部门而导致停滞不前。

· 数字化转型的系统已经按部就班地进行，但负责该系统上线后运行的部门尚未决定。

· 数字化转型项目已经由业务部门推动，但系统上线前 IT 部门才被委托负责系统运行而措手不及。

◆ 按阶段明确"哪个部门承担怎样的角色"

由于数字化转型项目是一项涉及运营和业务变化的举措，因此，数字化转型推广组织从早期就开始让业务部门和其他相关组织参与进来，建立一个合作体系，比数字化转型推广组织独自推广项目更为重要。

一般来说，数字化转型项目是按创意生成、PoC、PoB、准备过渡和正式实施分阶段进行的。每一个阶段都要考虑相应的负责部门、牵头组织和参与组织。理想的情况下，在项目开始时，就应该明确随后的角色分工。具体来说，应该明确指出图解 11 中所示的每个阶段要选用怎样的工作方式，并事先与有关部门达成一致。

特别是为了包括系统建设在内的"过渡准备"和系统管理在内的"正式实施"的后期阶段，需要提前做好人员和环境的准备，如果不在早期阶段明确和商定角色，可能无法及时准备。

[11] 数字化转型项目的角色分工

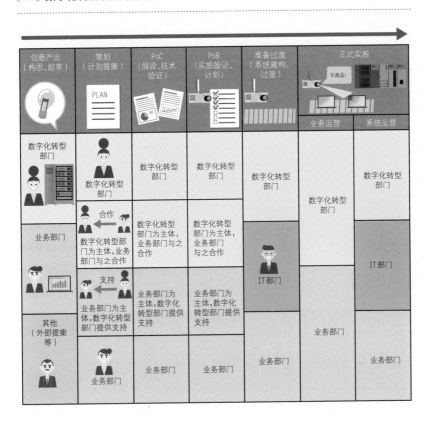

符合数字化转型项目的
推广体制的构建方法

数字化转型项目的推广体制应该根据项目的特点进行分类，
根据不同项目的责任人、不同阶段的合作部门确立相应的角色分工的原则。

◆ 首先要确定数字化转型项目的特点

理想情况下，角色分工应该在项目开始时就明确，但因为数字化转型项目带有很高的不确定性，适用的任务和涉及的部门可能会发生变化，所以要提前确定所有的事情是很困难的。可以考虑在每个重要的项目节点来决定下一个阶段的角色分工。

然而，由不同的人负责每个项目，每次都与不同的相关部门进行谈判和协调并形成一致意见是不合理的。

因此，建议根据项目的特点来制定角色划分的原则。项目的特点包括项目的类型（渐进式／非连续式）、适用部门的范围（特定部门／多个部门／全公司等）、应用范围（适用的业务／运营）、要利用的技术的成熟度、与公司内部体制的关系等。

例如，在已经确定的应用范围仅限于特定部门的情况下，该业务部门应该是这个项目的负责人，数字化转型推广部门应该起到辅助作用。而对于技术成熟度低、应用范围不确定的项目，数字化转型部门在寻找适用的运营方式方面应发挥主导作用。

◆ 原则是分为四种类型并决定各类型的推广体制

图解 12 是制造业的某企业数字化转型推广部门为每一类项目设立的

推广体制。在这个案例中，项目类型被分为四类：全公司项目、特定部门项目、多部门项目和实验性项目，并为每个项目的项目负责人和每个阶段的相关部门的角色划分制定了原则。这些原则仅作为标准提出，不同的角色分配可以根据项目的特点进行协商和单独调整。

那些数字化转型项目停滞不前和迷失方向的案例有共通之处。其中最重要的因素是有关发起人的动机和相关人员的主体意识的人的问题，以及与合作机制和利害关系相关的组织的问题。为了使数字化转型项目顺利进行，必须有全公司公认的基本流程和角色分配原则，系统的运行应该在这些原则的基础上灵活开展。

[12] 符合数字化转型项目的推广体制（例）

	项目负责人	从起草到PoC	系统引进和开发	运营
全公司项目（远程工作支持）	数字化转型部门	数字化转型部门	数字化转型推广办公室为PM※，IT部门和集团系统公司负责实施	IT部门作为负责人，集团系统公司来运行
特定部门项目（操作流程改革）	业务部门	业务部门为主体、数字化转型部门提供支持	业务部门为PM，集团系统公司负责实施	业务部门为负责人，集团系统公司在运行和维护方面提供支持
		需要公司内部系统合作的情况下，IT部门参与项目的策划		
多部门项目（现场监控等可以转用的案例）	（最初）数字化转型部门	数字化转型部门为主体，特定部门提供协作	开发开始前决定负责的部门（多个部门共同负责也是可能的）	负责部门来运行，集团系统公司提供支持
实验性项目（人工智能等适用领域未确定的案例）	（最初）数字化转型部门	数字化转型部门为主体，特定部门提供协作	开发开始前决定负责部门、开发体制和运行体制	

※PM：项目经理

125

数字化转型实践的顺序和要点

1 注意"五个处方"

在很多情况下，为了推广数字化转型，企业不得不放弃过去的经验、方法和成功案例。为了保持这种态度，需要和员工分享"为什么企业要进行数字化转型"和"数字化转型的发展方向"等认识。下图列出五个有效的处方。

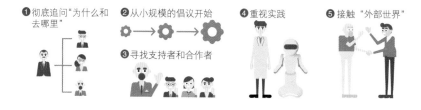

❶ 彻底追问"为什么和去哪里"　❷ 从小规模的倡议开始　❸ 寻找支持者和合作者　❹ 重视实践　❺ 接触"外部世界"

2 分两阶段进行

"精益创业"是指在不产生成本的情况下制作原型，并根据客户的反应在短时间内进行改进，用于促进商业化，同时最大限度地减少浪费。数字化转型的推广首先要考虑到这些，分两个阶段进行比较好。首先，小的倡议被成功实施；其次，在改善环境的同时，逐步扩大到全公司的倡议。

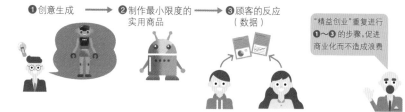

❶ 创意生成　❷ 制作最小限度的实用商品　❸ 顾客的反应（数据）　"精益创业"重复进行 ❶～❸ 的步骤，促进商业化而不造成浪费

第四部分提供了针对数字化转型主要的失败原因的有效处方，并介绍了成功推广数字化转型的顺序和体制。主要内容总结如下。

3 对创新思维的一些提示

数字化转型可以分为以现有业务为对象的"渐进式创新"和以新业务为对象的"非连续式创新"，两者需要不同的思维方式。前者专注于迄今为止技术尚未充分渗透的领域，并探索其适用性。后者的重点是 3C 和 4P。

4 数字化转型的基本过程和推广体制

一个典型的数字化转型项目会经历以下几个阶段：创意生成、PoC、PoB、准备过渡和正式实施。为了按顺序顺利地进行，在早期阶段，最好在项目开始时就明确每个阶段的牵头机构和相关机构的作用。

❶创意生成　❷PoC　❸PoB　❹准备过渡　❺正式实施

专栏　　　｜　　　数字化转型小故事④

带来变革的学习来自实际体验

　　大约 20 年前，随着互联网的兴起，电子商务和在线业务突然吸引了很多人的注意。企业设立了电子商务促进办公室等，与今天的数字化转型类似，并积极为这些举措的推动者举办研讨会。

　　然而，当笔者在讲座上问作为电子商务推广者的众人："有谁曾在网上购物，请举手。"只有大约 10% 的参与者举了手。正是那些自己从未在网上购物的人在努力促进电子商务的发展。

　　当涉及新技术和商业模式时，重要的是不仅要从书本和培训中获得知识，而且要实际使用和创造它们，并亲自体验它们。现在，人工智能音箱和 VR 眼镜的成本相对较低，而且有许多动手能力强的 3D 工作坊和开放实验室。还有许多共享经济和在线服务，供人们轻松地尝试。很多地方都会举行研讨会和实践讨论会，可以实际体验设计思维和敏捷开发等方法。人们也可以在云端制作一个智能手机应用程序的原型，让一些用户使用它来获得评价。数字化转型的吸引力在于它很容易尝试。在实际的体验过程中人们学到数字化转型带来的知识。

PART

5

数字化转型改变的
社会、企业和商业
是什么样子的?

SECTION 01：

技术的进步带来社会的改变

数字化正在大幅度改变着社会和我们的生活。
未来 10 年肯定会比之前的 10 年变化更大。

◆技术传播的速度不断加快

技术进步在过去已经改变了世界。例如，在 1900 年的纽约市，马车是主要的交通工具，但仅仅 15 年后，乘坐汽车就成了常态。无论是汽车导航系统、火车站的自动检票口，还是便利店的电子支付，技术已经取代了传统的做事方式，为人们提供了便利，同时也夺走了一部分人的工作。

那么，过去技术的普及和发展与今天"数字化"一词所描述的变化之间的主要区别是什么呢？

一个是时间。一项技术的诞生和它得到普及之间的时间正在迅速缩短。例如，从一项新技术的诞生到超过 50% 的人口使用它，汽车需要 80 多年的时间，电视需要 30 年，互联网不到 20 年，移动电话约 10 年。苹果公司的第一代 iPhone 于 2008 年在日本推出，但在不到 5 年的时间里，智能手机的家庭拥有率就达到了 50%。在短短 10 年的时间里，在智能手机上阅读和玩游戏，使用地图应用程序寻找商店，以及在家里通过视频电话参加会议，已经变得很平常。然而，毫无疑问的是，下一个 10 年将比前一个 10 年更加不同。

◆哪些技术将在未来改变社会？

各种各样的技术将推动未来的数字化社会发展，包括云、大数据和区块链，但其中最重要的三个技术将是物联网、人工智能和 5G。这些技术不仅会被单独使用，而且在结合使用时会产生更大的影响。

例如，物联网收集的现实世界大数据将利用 5G 实时发送到云端，人工智能将从这些数据中学习，创造新的价值，并在许多应用中反馈到现实世界。这些应用不仅是在已经被考虑的领域，如自动驾驶、远程医疗、灾害预防和犯罪预防，还包括我们尚未想象的领域。

"人类能想象的东西，也一定能实现。"这是 19 世纪法国小说家、被称为"科幻小说之父"的儒勒·凡尔纳的一句名言。事实正是如此，100多年前他设想的《海底两万里》和《月球旅行》，现在已经实现了。通过数字技术，这一名言将在我们眼前再次被证明。

[01] 改变社会的技术发展

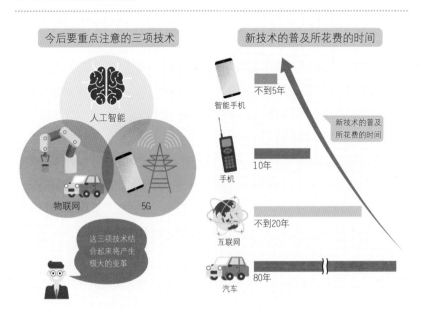

今后要重点注意的三项技术

新技术的普及所花费的时间

人工智能

物联网　5G

这三项技术结合起来将产生极大的变革

智能手机　不到5年

新技术的普及所花费的时间

手机　10年

互联网　不到20年

汽车　80年

SECTION 02：

第二波数字化颠覆浪潮正在到来

数字化颠覆是诱发数字化转型的因素之一，它的尽头是未知的。

现在，不仅是数字原生企业，还包括 B2B 公司等大型企业，

都正在被卷入一波更大的浪潮。

◆什么是数字化的第二波浪潮？

通过以数字化技术及其应用为前提的新型商业模式破坏了现有企业和传统行业结构的优势，这种现象被称为"数字化颠覆"。第一波数字化颠覆浪潮席卷了核心产品和服务及其交易过程等较容易实现数字化的领域。

具体来说，这些领域集中在高科技行业和电信业、通过数字媒体技术提供新闻和音乐等内容的媒体和娱乐业，以及实现了在线交易的零售业和金融业。

而现在，进一步吞噬了商业模式、流程和价值链的第二波浪潮正在将包括 B2B 企业的整个行业都卷进去。第二波浪潮的特点是传统价值链的解体（松绑），通过不同的组合（重新捆绑）形成一个生态系统，从而创造新的顾客价值和市场。无论是银行业还是零售业、电信业还是医疗业，都在发生着跨行业的融合，而被称为"平台"的数字力量正在跨行业发展业务，模糊了传统部门之间的界限。因此各行业都不可能避开这波浪潮。

◆走向大企业自身发起数字化颠覆的时代

第一波数字化浪潮的大部分是由被称为数字原生公司的初创企业引发的。如零售业的亚马逊，媒体业的网飞和出租车业的优步等。

然而，这些新兴力量将不会是第二波浪潮的唯一主角。特别是如果它是一个连价值链也涵盖在内的巨浪，既有的大型企业加入的可能性也会大大增加。例如，2020 年 3 月，丰田汽车公司和日本电信电话公司宣布了进行商业资本联盟。二者相互投资约 2000 亿日元，共同推动通过利用自动驾驶技术和人工智能将家用电器和住宅设施与互联网相连的"智慧城市"。此举不仅限于这两家企业，还将以开放的态度涉及房地产商和家用电器制造商。

到目前为止，各企业都是在集团公司、子公司和供应链的框架内协同合作。但在未来，无论企业的规模大小、新旧、资产关系或行业，都可以有活力地组合在一起，构建起新的社会体系和产业结构。

[02] **数字化颠覆的第二波浪潮**

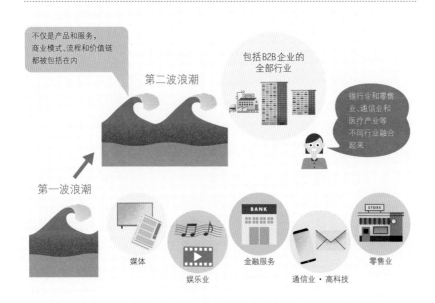

SECTION 03：

迈向一切皆由数据关联的时代

在一个日益数字化的社会和行业中，数据正变得越来越重要。
有关生活各个方面的数据都被收集、分析，其结果被反馈到现实世界，
令人们的生活向更好的方向发生着改变。

◆ "数据驱动经济" 的兴起

今天，各种各样的事件都在同时发生着：以人工智能和物联网为代表的技术进步，共享经济和平台战略等新商业模式的出现，以及科技企业投资和通过并购建立生态系统等新经济活动的扩展。所有情况都使用 "数字化" 这一术语，可以说意思多少有些混乱。

那么，我们所说的未来将进一步发展的 "数字时代" 是指什么样的时代呢？看待这个问题的方式有很多，但一个重要的观点是 "数字化已经成为常态的社会" 的到来，可以说是 "一切皆由数据关联的时代"。

在 "一切皆由数据关联的时代"，不仅是人们的衣食住行、社交、健康和购物等信息，还包括气候、交通等社会环境信息，以及企业的商业和经营活动等，所有信息都可以作为数字化数据来捕捉。这些数据将被用于分析和预测，并将结果反馈给现实社会。

人工智能、物联网和 5G 是实现这样一个数字社会的技术要素，而共享经济和平台战略可以被视为利用它们的商业形式的变奏。风险投资和商业联盟可以在这样的经济环境中生存，也可以作为提高竞争力的企业战略。《数据驱动经济》（森川博之著，钻石社）一书把 "从现实世界收集的数据创造新价值并改变所有企业、行业和社会的一系列经济活动" 称为 "数据驱动经济"。

◆从企业的数据利用到社会的数据利用

当下，谷歌和 Facebook 等平台拥有大量关于用户检索和评论相关的数据。电子商务从业者或像优步这样的共享经济从业者，也储存着大量关于购物、使用和出行等与人们生活相关的数据。现在这些数据大多为广告、推荐等营销手段所利用。也就是说，收集个人数据是为了让人们购买更多的商品或服务。

但是今后数据的收集将更重视让人们过上更加舒适的生活，让社会和地球更适宜生活。我们期待着通过数据和数字化技术能够解决地球环境、粮食、大流行病、防灾、人口减少地区的移动难民等各种社会问题。这是因为数据具有"集中提供多种价值和便利"的特点。

[03] 迈向一切皆由数据关联的时代

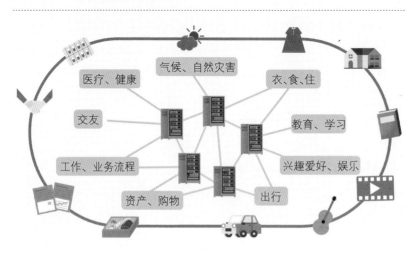

SECTION 04：

数字化转型之后的未来

在"一切皆由数据关联的时代"，可以预见，

社会和经济体系的存在方式、个人的生活方式、企业应该追求的存在价值等

各方面的世界观都将发生巨大变化。

◆ "后数字化时代"的世界观

到目前为止，一般的想法是，我们在现实世界中接触的人（商店和面对面）有时也会以数字方式联系（电子商务和社交网络）。然而，手机和物联网的渗透使得捕捉各种数据成为可能，现实世界反倒被数字世界所囊括。

在《后数字化时代》（藤井保文、尾原和启著，日经 BP 社）一书中，这种现象被称为"后数字化"，指的是数字化世界中永远以接触点为前提，而现实中的接触将是其中的一种特殊体验。这不仅是指企业与客户之间的接触点。它以所有的社会和经济活动为前提，价值链和生态系统内的企业与企业之间的关系，包括生产活动在内的企业内部的业务流程、人员流动和物流等，都将由数字连接，这意味着现实的互动和操作都将是其中的一部分。

◆一个基于数字而非现实的社会

在迄今为止的资本主义市场经济中，生产、分配、通信和运输都是在以大规模生产和大规模消费为基础的集中化和专有系统中进行的。因此，规模经济可以提高效率和生产力，生产商的大量管理资源是其竞争优势的来源。然而，除了资本主义市场经济的优化限制外，数字技术的发展能够

消除物理限制，新的经济活动从而成为可能。

　　在未来的三四十年里，我们可以期待各个领域从实物到虚拟、从商品到服务、从独占到共享、从消费到流通和重复利用的转变，并形成一个开放的、分散的、没有限制的和尽可能接近零成本的共享经济体系。虽然生产活动不会减少到零，但通过对曾经创造的产品的再生产、共享和再利用，经济活动将以低得多的边际成本发展。消费者既可以是消费者，也可以是生产者，生产者和消费者之间的区别将变得模糊不清。

　　消费者方面的规模效益也很重要，生态系统的参与者越多，提供的价值就越大。这意味着基于数字技术和数据的新社会系统和经济环境将被创造出来。

　　目前全球对可持续发展目标（SDGs）的关注，也是因为在传统的资本主义市场经济衰落之前，需要一个新的社会秩序和经济体系，这将成为未来的目标。

[04] **后数字化时代的世界观**

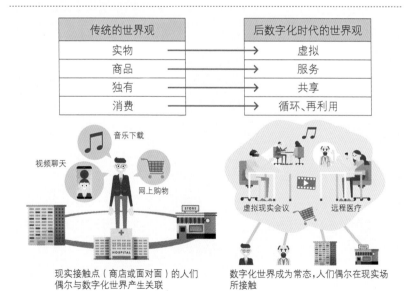

传统的世界观	后数字化时代的世界观
实物	虚拟
商品	服务
独有	共享
消费	循环、再利用

现实接触点（商店或面对面）的人们偶尔与数字化世界产生关联　　数字化世界成为常态，人们偶尔在现实场所接触

SECTION 05：

未来的数字化转型

在数字化广泛深入渗透的未来，企业会是什么样子？

到那时，数字化转型又将如何发展呢？

◆数字化转型的性质也在不断变化

在第一部分中，日本经济产业省将数字化转型定义为"企业面对商业环境的剧烈变化，利用数据和数字技术，以顾客和社会需求为基础，改造产品、服务、商业模式的同时，改造运营本身、组织、流程、企业文化和氛围，从而确立竞争优势的过程"。然而，数字化转型的基本含义在未来可能会改变。

首先，数据和数字技术目前被定位为"手段"，但在未来将转变为"前提"。数字化转型的本质将是把整个企业转变为完全适应社会和经济活动、整体高度数字化的组织。

未来的企业应该是这样的：商业模式、与客户的交易和接触点、工作方法和内部业务流程、决策和组织管理方法以及组织文化都建立在数字化之上。这不是"通过数字化转型改造企业"，而是"企业改造的数字化转型"。

另外，目前对数字化转型目标的定义是"建立竞争优势"，但这也将发生变化。未来在与同行业其他企业或数字颠覆者竞争时，不是要与他者相比建立优势，而是通过数字化建立新的竞争原则。所创造的竞争原则也不会永远有效，所以企业必须不断创造新的价值。

◆发展为持续产生 S 曲线的企业

前文已经提到企业需要"双向经营"：既要对迄今已经成功的业务进行"深化"使之更加优化，也要对创造新的业务和竞争原则进行"探索"。此外，每个企业都要经历"黎明期""成长期"和"成熟期"的生命周期。这被称为"增长的 S 曲线"。

在快速变化和不断发展的数字化时代成长和生存的企业，是那些在早期就认识到 S 曲线、正在走向成熟的企业，是通过"深化"保持和改善现有业务并在现有业务衰退和优势耗尽之前"探索"，有能力创造下一个 S 曲线的企业。

今后，在寻找下一个 S 曲线的过程中，企业不应局限于实物、商品、独有、消费等传统的常识，而是应该以数字化为前提关注虚拟、服务、共享、流通和再生的价值。这需要一个面向未来的、着眼于社会问题的方法，而不是过去注重企业能力和产品的问题解决方法。这意味着从零开始重新思考企业的存在理由和存在价值。

[05] **以数字化转型的未来为目标的企业形象**

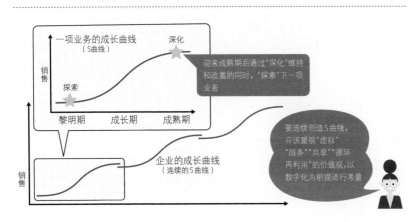

数字化转型如何改变未来?

1　世界将迎来前所未有的巨大变化

数字化已经改变了社会和我们的日常生活，但未来 10 年将比以前更加重要。物联网、人工智能和 5G 将扮演三个最重要的角色。这些技术不仅将被单独使用，结合起来将产生更大的影响。

物联网

人工智能

5G

2　第二波数字化颠覆浪潮正在到来

第一波数字颠覆是由被称为数字原生公司的初创企业引发的，如亚马逊和网飞。然而，目前正在进行的第二波浪潮也将包括大型成熟的企业，而且可能是一个大浪。此外，新的社会体系和产业结构有望通过大大小小、新老交替、跨行业的企业之间的动态合作来建立。

第一波

媒体

娱乐业

第二波

包括B2B企业的所有行业

第五部分描述了我们周围世界的情况和预计可能发生的变化，并就企业在这样的环境中生存的条件进行了说明。主要内容总结如下。

3 向基于数字而非现实的社会发展

到目前为止，一般的想法是，现实中（商店和面对面）联系的人有时也会以数字方式（电子商务和社交网络）联系。然而，随着移动电话和物联网的渗透，捕捉各种数据成为可能，现实世界反而会被数字世界所囊括。在未来的三四十年里，我们可以期待看到从实体到虚拟，从商品到服务，从独有到共享，从消费到循环、再利用的各个领域的转变。

音乐下载
视频聊天
网络购物
虚拟现实会议
远程医疗

4 持续产生 S 曲线的企业才能生存下去

业务都有"黎明期""成长期"和"成熟期"的生命周期，这被称为"增长的 S 曲线"。在快速变化的数字时代生存和发展的企业是那些在数字技术的基础上，能够及早发现业务已达到成熟期，通过"深化"保持和改善业务，同时"探索"新业务，创造下一个 S 曲线的企业。

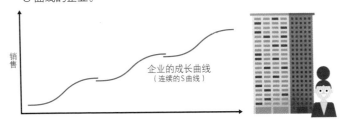

销售
企业的成长曲线
（连续的S曲线）

专业词汇

［3D 技术］

处理三维结构的技术的总称。包括输出三维结构的 3D 打印机，以及感知物体凹凸并将其捕捉为 3D 数据的 3D 扫描仪。

［AI 扬声器］

配备 AI 的固定式音箱的总称，也被称为智能音箱。它们配备了语音助理功能，可以理解用户的语音，并按照语音指示进行各种操作，使用户可以使用类似于对话的自然语言来操作设备。

［API］

Application Programming Interface，应用编程接口。规定了从其他程序调用和使用某些软件功能等的程序、数据格式等的惯例。

［CASE］

Connected/Autonomous/Share・Service/Electric，连接化、自动驾驶化、共享化、电动化。戴姆勒股份公司首席执行官兼梅赛德斯－奔驰公司董事长迪特尔・塞斯在 2016 年巴黎车展上创造的一个术语，用来描述汽车行业未来的发展方向。

［CDO］

Chief Digital Officer，首席数字官。指全面负责规划和执行公司数字化战略的人。

［数字化转型报告］

日本经济产业省于 2018 年 9 月发布的一份报告，旨在提高对促进企业数字化转型的认识。该报告提出的"2025 年悬崖"这一 IT 系统问题成为热门话题，并使得许多管理人员参与到数字化转型中。

[数字化转型推广指引]

根据 DX 报告中的建议，日本经济产业省于 2018 年 12 月发布了一份文件，旨在明确管理层在实现数字化转型和建立构成数字化转型基础的 IT 系统时应注意的事项，包括"数字化转型推广的管理方法和结构"和"建立 IT 系统作为实现数字化转型的基础"两部分。

[Fintech]

一个结合了金融（Finance）和技术（Technology）的术语，指利用信息技术的金融服务。目前正在开发一系列的服务，包括个人支付、资产管理、企业财会和税收。

[MaaS]

Mobility as a Service，移动性即服务。通过利用信息和通信技术，不管运营商而将所有形式的移动性（运输）连接起来，作为一种服务的新型"移动"的概念。

[RPA]

Robotic Process Automation，机器人流程自动化。一种使任务自动化的系统，主要以电脑的后台操作为中心，通过让装载着软件的机器人代为执行任务。也叫软件机器人。

[账户聚合]

将金融服务（如网上银行）用户在不同金融机构持有的多个账户信息聚合，并允许他们在网络浏览器等屏幕上一次性查看的服务的总称。

[可穿戴设备]

穿戴在身上的终端（设备），谷歌眼镜等智能眼镜和苹果手表等智能手表是代表性产品。

[开放和关闭战略]

对构成企业基础的核心技术和信息保密来提高竞争力，同时公开非核心技术和信息来扩大市场和发展有利可图的业务的战略。

[开放数据]

已经发布的、任何人都可以使用的数据，是任何人都可以自由地重新使用的事先制定了权限和数据格式的数据。

[全渠道]

由利用多种渠道的"多渠道"演变而来，是通过整合现实（实体店）和线上（网络购物）实现营销、销售、物流和顾客支持的举措。

[众包]

从不特定的人（人群）中征集贡献，以获得所需的服务、想法或内容。

[概念验证]

Proof of Concept，PoC。以确认新概念、理论、原理、创意的有用性为目的，在原型开发等初步阶段进行的验证。

[服务化]

用于描述服务化和服务行业的术语，即不是以贩卖生产的产品产生销售额，而是把产品作为服务提供给客户来产生销售额的商业模式。

［共享经济］

原本独有的商品和场所等通过互联网在个人和企业之间共享的一种新经济动向。共享经济正在蔓延至各个领域，例如汽车在个人和企业间的共享，以及利用社交媒体中介的个人之间的物品借贷等。

［智能设备］

信息处理终端（设备），不仅是进行计算处理，而且可用于所有目的的多功能终端。一般来说，为了与电脑和服务器等有所区别，智能设备通常被用作智能手机和平板电脑终端的统称。

［智能工厂］

使用物联网和其他技术来获取和收集工厂设备、设施和工厂运作的数据，并分析和利用这些数据来创造新的附加值的工厂。

［聊天机器人］

一个由"聊天"和"机器人"两个词组合而成的术语。聊天机器人是通过文本或语音自动交谈的程序，被用来回应顾客的咨询。

［数字内容］

将文本、图像和音乐等作品数字化后提供的形式。它不是纸或 CD 等实体媒体，而是电子书或音乐发行系统，通常通过互联网在线发行。

［数字化颠覆者］

通过利用数字化技术的新商业模式，对现有行业产生颠覆性影响的新兴从业者。

[数字原生公司]

主要是 1995 年以后成立的公司，它们通过利用互联网时代的信息技术和数字技术作为核心竞争力来建立其商业模式和能力。

[商业验证]

Proof of Business，PoB。一般作为概念验证的后续工程进行，在正式运行和业务化之前的阶段对一个已经确认是有用的概念进行验证，来确认它在商业利益方面是否可行和有效。

[增材制造技术]

在制作三维物体时，与切削加工技术不同，将材料连接起来的一种加工技术。也指使用 3D 打印机来制造一个 3D 物体的情况。

[平台战略]

平台商业是指"通过撮合多个群体的需求刺激不同群体间的互动，并创造一个市场经济圈作为产业基础的商业模式"。这样一个发展业务的组织被称为平台商，而实现业务的战略被称为平台战略。

[大规模定制]

以大规模生产（mass production）的生产力来实现独一无二的定制产品的概念或机制。自从德国在制造业创新项目"工业 4.0"等把它作为希望实现的形式之一以来，它再次引起了人们的关注。

[精益创业]

一种管理方法，通过在短时间内创造出产品、服务和功能最少的原型，在不产生成本的情况下，准确获得顾客的反应，从而开发出令顾客满意的产品和服务。它是由美国企业家埃里克·里斯在 2008 年提出的。